花生纹枯病

花生锈病

花生黑斑病

花生斑驳病毒病

1

花生网斑病初期症状

花生网斑病

花生网斑病大田症状

花生焦斑病

2

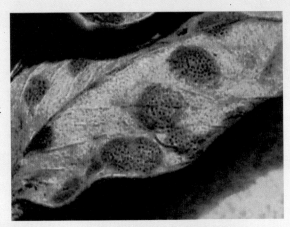

脱落田间病叶上
的分生孢子座

花生茎腐病苗期症状

花生茎腐病后期症状

花生茎腐病苗
期大田症状

3

花生根结线虫病

大黑金龟子

大 黑 金 龟 子
（左：雌，右：雄）

金龟子（左：大
黑，中：暗黑，右：
铜绿）

4

暗黑金龟子
（左：雌，右：雄）

暗黑鳃金龟蛹
（左：雄，右：雌）

铜绿金龟子

暗黑鳃金龟蛹尾部腹面
（左：雄，右：雌）

5

蛴螬（左：大黑，中：暗黑，右：铜绿）

沟金针虫成虫
（左：雌，右：雄）

细胸金针
虫成虫

沟金针虫
各龄幼虫

沟金针虫(左)，细胸
金针虫(右)

棉铃虫为害花生状

棉铃虫（上：成
虫，下：幼虫）

花生蚜为害花生状

7

花生蚜(左：无翅成蚜，中：
若蚜，右：有翅成蚜)

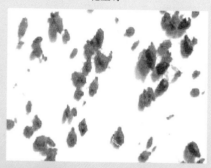

花生蚜

毒枝诱杀金龟子

地下害虫

小地老虎

小地老虎(示气门及后毛片)

小地老虎(示
背部毛片)

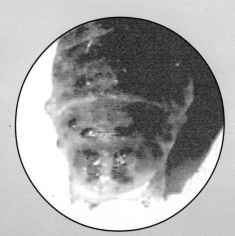

小地老虎(示臀板)

9

小地老虎蛹

狗尾草

狗尾草

马 唐

10

硬 草

硬 草

画 眉 草

11

碎米莎草

异型莎草

香 附 子

12

铁苋菜

牛 筋 草

苋 菜

马 齿 苋

13

刺　苋

反枝苋

鳢　肠

鳢　肠

苍 耳

藜（灰菜）

苘 麻

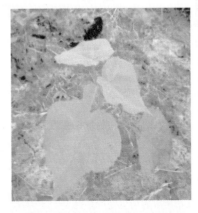

鸭跖草

15

酸模叶蓼

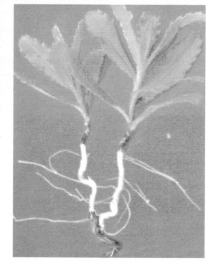

青 葙

刺 儿 菜

曼 佗 罗

16

花生病虫草鼠害综合防治新技术

吴立民 编著

金盾出版社

内 容 提 要

随着农业产业结构的不断调整,我国花生的种植面积越来越大,花生的出口量也随之增加。为适应花生生产和出口的需要,作者根据自己长期从事花生病虫草鼠害研究的成果及大面积推广的实践经验,系统地介绍了30多种花生病虫草鼠害的形态特征、发生规律、预测预报办法和简便易行、经济高效的防治技术。本书内容丰富,技术先进,实用性强,适合广大农民、农村干部、农业技术推广人员和农业院校师生阅读参考。

图书在版编目(CIP)数据

花生病虫草鼠害综合防治新技术/吴立民编著. —北京:
金盾出版社,2001.6
ISBN 978-7-5082-1532-7

Ⅰ.花… Ⅱ.吴… Ⅲ.①花生-病虫害防治方法②花生-除草③花生-鼠害-防治 Ⅳ.S435.652

中国版本图书馆 CIP 数据核字(2001)第 07313 号

金盾出版社出版、总发行

北京太平路5号(地铁万寿路站往南)
邮政编码:100036 电话:68214039 83219215
传真:68276683 网址:www.jdcbs.cn
彩色印刷:北京印刷一厂
黑白印刷:北京天宇星印刷厂
装订:北京天宇星印刷厂
各地新华书店经销
开本:787×1092 1/32 印张:7.75 彩页:16 字数:159千字
2009 年 6 月第 1 版第 5 次印刷
印数:27001—42000 册 定价:14.00 元

(凡购买金盾出版社的图书,如有缺页、
倒页、脱页者,本社发行部负责调换)

前　言

花生是主要的油料和经济作物。从 20 世纪 90 年代起，我国花生生产进入迅速发展时期，至 1998 年，全国花生种植面积达到 400 多万公顷，平均每 667 平方米（亩）产量达到 196.1 千克，分别比 1990 年增长 40％和 34.3％。随着我国即将加入世界贸易组织和国际市场的不断开放，预计今后十年，我国花生产业仍将持续稳定地发展。

面对我国人口的不断增长、耕地面积的不断减少以及人们生活水平的不断提高，花生生产将实现由扩大面积向提高单位面积产量、由重视产量向重视质量、由油用向菜油兼用、由露地栽培向保护地栽培发展的四大转变。特别是对花生的产量和质量的要求将越来越高。

据分析，近年来生产上推广的花生品种，理论单产潜力最高可达每 667 平方米 800～900 千克。并且生产上已经出现每 667 平方米产干果 798.3 千克的高产典型。而目前，全国花生平均每 667 平方米的产量只在 200 千克左右。即使是山东、苏北等花生高产区平均每 667 平方米的产量也只有 250～300 千克。说明花生生产的潜力很大。

多年来的实践证明，在选用高产优质良种、推广先进栽培技术的基础上，搞好花生病虫草鼠害的科学防治，是提高花生产量和品质的重要途径。据测定，花生遭受病虫草鼠害，不但品质下降，而且，产量损失达 30％以上，严重年份高达 50％以上，绝收的田块时有发生。同样，由于花生病虫草鼠害的种类繁多，如果不能熟练地掌握它们的发生规律，防治不适，方法不对路,也会造成花生产量的降低和品质的下降。为此,笔者编写了《花生病虫草鼠害综合防治新技术》这本书。本书本着科学、先进和简单、实用的原则,对30多种花生病虫草鼠害的形态特征、发生规律、预测预报办法和防治技术做了系统介绍。目的是帮助花生产区的农业科技工作者、农村干部和广大农户在了解花生各种病虫草鼠害发生规律的基础上,大力推广病虫草鼠害防治技术,达到提高防效、增加产量、改进品质的目的。

书中所用彩图由傅俊章、沈兆昌先生协助拍摄,在此一并表示感谢。

编 著 者

2001 年 1 月

目　　录

第一章 花生病害防治

我国花生病害有 20 多种,常见的有细菌引起的青枯病,有真菌引起的茎腐病、褐斑病、黑斑病、锈病、纹枯病、网斑病、根腐病、冠腐病、菌核病、白绢病,有病毒引起的病毒病,有线虫引起的根结线虫病,还有营养缺乏症以及温度、肥料等因素引起的烂种、死苗病等。黑斑病和褐斑病是发生最普遍的病害;茎腐病、青枯病、病毒病、根结线虫病、锈病也是花生的主要病害;纹枯病和网斑病的发病面积逐年扩大;烂种、死苗病和缺肥症也时常发生。

第一节 花生茎腐病

一、分布与危害

花生茎腐病又叫花生倒秧病、花生枯萎病。在江苏、山东、河南、河北、安徽等地发生最重,其他花生产区也有发生。一般死苗 10%左右,重病区死苗 20%～30%,严重地块死苗高达80%,是花生产区的毁灭性病害。20 世纪 80 年代以前,花生茎腐病大流行,死苗遍地,从 20 世纪 80 年代起基本得到控制。但近几年病势又有所回升,不可忽视。

二、症　状

从花生出苗期到成熟期都可发生。危害花生的子叶、根和茎,以根颈部和茎基部受害最重。重病田块,花生种仁发芽后,出苗前就可感病,造成烂种。病菌从子叶或幼根侵入,受害子叶变黑褐色干腐状,并可沿子叶柄侵入根颈部,产生褐色水渍状的不规则形病斑,然后病斑向四周扩展,包围茎基部,使茎基部呈黑褐色腐烂。地上部叶色发黄,叶片下垂,整个植株枯萎死亡。在潮湿情况下,病部产生许多黑色小点粒,为病菌的分生孢子器。病部皮层易脱落,纤维外露。干燥情况下,病部表皮下陷,髓部呈褐色干腐,中空。若成株期发病,主茎和侧枝的基部变黑褐色,并向中部蔓延,使病部以上部分枯死;用手拔时,病株易断。发病晚和发病轻的植株,仅基部少量侧枝发病枯死,或仅仅中部侧枝及茎秆发病,病部以上部分枯死,病部以下的茎枝仍能继续生长。重病植株荚果全部腐烂;轻病植株,部分荚果腐烂,或果柄腐烂,荚果提早发芽。

三、病　原

花生茎腐病的病原为半知菌类、球壳孢目、色二孢属的茎腐病菌(*Diplodia natalensis*)。病菌的分生孢子器散生,突出于寄主体外,黑色。分生孢子梗和分生孢子产生在分生孢子器内。分生孢子梗短条状,不分枝,无色;分生孢子褐色,双细胞,椭圆形。病菌的生活力很强。据测试,病菌水浸 243 天后再接种花生,花生发病率仍高达 90% 以上;室外病株干燥 226 天及室内病株干燥 896 天,病菌仍有侵染力。

四、田间发病规律

病菌在土壤和粪肥中的病株残体内和种子上越冬。病株果壳和种仁的带菌率很高,经多年室内、外分离培养及接种试验证明,花生茎腐病主要靠种子带菌进行初次侵染。

病菌主要从伤口侵入,也可直接侵入。病菌在田间靠雨水、灌溉水、风及人、畜、农具的农事活动传播,进行初次侵染和再侵染。调运带菌种子可作远距离传播。

最适合病菌侵染的花生生育期为种子萌发至苗期,其次为结果期。因此,花生茎腐病在田间一年有2次发病高峰期。在苏、鲁、冀、豫花生产区,第一发病高峰期在5月中下旬至6月下旬,第二发病高峰期在7月下旬至8月上中旬。第一发病高峰期可造成花生大面积死苗;第二发病高峰期如遇连阴雨天气,病害迅速蔓延,造成花生后期大面积死秧,荚果发芽、霉烂,减产也很严重。

五、影响发病的因素

花生茎腐病发病的最适宜平均气温为23℃～25℃,在苏、鲁、冀、豫地区,春夏之交和夏秋之交的平均气温大都在这个范围,田间也相应地出现发病高峰。降水对花生茎腐病影响很大,苗期降水适中,相对湿度在70%左右,有利于病害发生;花生中后期雨水偏多,田间湿度大,就会导致病害的大发生。

造成花生茎腐病大发生的主要因素是种子带菌率和降水。如果在花生苗期和中后期病害发生比较普遍,花生收获时又遇连阴雨天气,花生果不能及时晒干,荚果颜色灰暗、不白,花生种子的带菌率就高,下一年花生茎腐病就可能大发生。

六、预测预报

(一)发病程度的预报 花生茎腐病的发生程度主要取决于上一年花生生长期的发病程度和花生收获期的降雨情况。如果上一年花生生长期花生茎腐病大发生,花生收获时又遇连阴雨,花生果没能及时晒干,那么下一年花生茎腐病就可能大流行；如果生长期发病重，但花生收获期无阴雨天气，花生果不霉变，荚果颜色好看，或生长期发病中等，收获期遇连阴雨，可预报下一年花生茎腐病中等偏重发生；花生生长期中等发病，收获期基本无阴雨，或生长期发病轻，收获期遇连阴雨，可预报下一年花生茎腐病中等发生；如果生长期发病轻，收获期又无阴雨天气，则下一年花生茎腐病发生轻。

（二）发病期的预报　当春末夏初日平均气温稳定升到20℃以上时，花生茎腐病将进入第一发病盛期；夏末秋初，日平均气温稳定下降到25℃以下时，将进入第二发病盛期。

（三）防治适期的预报　花生茎腐病的最佳防治适期是播种期，其次是田间发病初期。可于花生齐苗后以及7月中旬起，每5天调查1次田间发病情况，当田间开始出现病株时及时用药防治。

七、防治方法

（一）选用无菌或带菌率低的花生果作种　一要注意不在病区调种；二要注意不在发病重的田块留种，尽量在无病田块留种；三是留种花生收获后要及时晒干，荚果不白、颜色不好的花生不能作种。

（二）种子处理　实践证明，搞好种子处理是防治花生茎腐病的最经济、最有效的方法。只要种子处理好，基本上可以控制大田花生的发病，一般情况下，大田花生不需再治。花生种子处理包括晒种和药剂拌种两种方法。

1. 晒种　在花生播种前，选晴好天气，将作种子的花生果晒1～2天后剥壳。晒种既可利用太阳光杀死果壳上的病菌，又可降低花生种子的含水量，增强种子的活力，提高种子的出苗率，而且出苗快，出苗整齐，有利于培育壮苗。

2. 药剂拌种　目前防治花生茎腐病的特效农药是多菌灵。多菌灵拌种防治花生茎腐病的效果好坏,取决于拌种的质量。必须根据种子的数量准确地称取用药量和用水量。具体方法是:40%多菌灵胶悬剂 100 毫升,加水 3 升,稀释后,匀拌花生种仁 50 千克。如用 25%多菌灵粉剂,可先将 50 千克花生种仁在清水内湿一下捞出,然后撒拌 200 克 25%多菌灵粉剂。无论用胶悬剂还是用粉剂,拌种后水分吸干即可播种。这种方法叫药剂拌种,不叫浸种。其优点是:①能保证所用药量全部拌到种仁上;②拌种均匀,用水量仅仅能湿匀种皮,不能浸透种子,不会影响花生种子播后的正常翻身出苗,也不会造成种子掉皮、破碎,所以花生苗齐苗壮,防病效果高达 99%以上。实践证明,不能采用药剂浸种。药剂浸种的缺点是:①所用的药量不能全部拌到花生种子上,发病率仍然较高;②浸过的种子已经吸足水分,播后不能翻身,一旦种倒了,不是不能出苗,就是出苗细弱,严重影响花生全苗、壮苗。

(三)生长期喷药防治　对未进行种子处理、或用药品种不对路、或用水量过大用药量不足的田块,必须在苗期或中后期、田间零星发病时及时选用 40%多菌灵胶悬剂每 667 平方米 100 克,加水 60 升,用手压喷雾器对花生基部喷雾防治;或加水 20 升,用机动弥雾机对花生基部喷雾防治,均有较好的防治效果。

第二节　花生斑驳病毒病

一、分布与危害

花生斑驳病毒病是我国北方花生的重要病害,一般年份,株发病率 50%左右,减产 20%左右;大发生年份,株发病率 80%～100%,减产 30%～40%。花生斑驳病毒病是进一步提高花生单产的重要障碍因素,应引起各级农业科研、推广部门及花生产区干部、农户的高度重视。

二、症 状

植物病毒病大部分是全株性的,植物感染病毒后往往全株表现症状。而花生斑驳病毒病是局部性的,病株的症状主要表现在叶片上,其次是果仁上。叶肉的色泽浓淡不匀,叶片上出现黄绿与深绿相嵌的斑驳。病株的荚果大多变小,结果少,种皮上出现紫斑,部分果仁变成紫褐色。

三、病 原

经有关部门鉴定,我国北方花生斑驳病毒病主要由花生轻斑驳病毒(PMMV)感染引起。江苏省徐州市农业科学研究所将本地花生斑驳病毒接种在大豆、苋色藜上都表现出明显的症状,而接种在菜豆和绿豆上均无症状。

四、田间发病规律

花生斑驳病毒在花生的种仁内越冬。发病早的花生植株,其种仁带毒率高。带毒种子在田间形成的病苗是花生斑驳病毒病的初次侵染来源。病害的传染靠蚜虫,主要是花生蚜,也叫槐蚜。以有翅蚜传毒为主。吸食病株的蚜虫转害健株时即可将病毒传给健株,引起健株发病,造成病害的蔓延和流行。另外,还可通过植株接触和嫁接传染。早播、发病早的田块是晚播田的传染源。调运带毒种子可进行远距离传播。

通过田间系统观察,证明花生斑驳病毒病的发病高峰期与第一蚜高峰期,即有翅蚜高峰期有密切关系,发病高峰期在有翅蚜高峰期后 20 天左右出现。根据田间发病率的变化情况,可将花生斑驳病毒病的发病过程划分为 3 个时期,即零星发病期、快速扩散期和发病缓增期。零星发病期是指花生出苗后 10 天左右由带毒种子形成的病苗发生期,表现为发病率低,病株分散,发病率上升缓慢。快速扩散期,是指病株迅速增加,发病率很快上升到 50% 以上,甚至上升到 90% 左右,发病趋势呈直线上升。在快速扩散期,地膜春花生在 5 月中下旬至 6 月上旬发病,露地春花生在 5 月下旬至 6 月上中旬发病,夏花生在 6 月下旬至 7 月上旬发病。发病缓增期是指病株率由快速扩散期的直线上升变为缓慢增加。从花生斑驳病毒病的田间发病过程的分析中可以看出,花生出苗后的有翅蚜高峰期是斑驳病毒的侵染高峰期;有翅蚜高峰期出现得越早,蚜株率越高,蚜量越大,病株的快速扩散期就越早,发病就越重。

五、影响发病的因素

(一)种子带毒率 因花生斑驳病毒病的初侵染源是带毒种子形成的病苗,所以种子带毒率的高低是花生斑驳病毒病流行的先决条件。实践证明,花生种子带毒率的高低与植株发病期的早晚、种仁的大小、种皮的颜色以及花生的种植方式有关。发病早的植株,种子带毒率高;发病晚的植株,种子带毒率低,甚至不带毒。用不同规格筛孔的网筛将同一品种的同一批种仁进行大小分级,结果发现,大粒种子带毒率低,小粒种子带毒率高。花生种子的皮色,正常的种仁皮色为均匀的淡紫红色,不正常的种仁皮色为深紫红色和紫褐色,或有淡紫红色夹杂紫色的条斑。将皮色正常的种子和皮色不正常的变色种子分开种植,在零星发病期调查发病率,结果是变色种子的发病率远远高于正常种子的发病率,说明变色种子的带毒率高。通过田间多年的调查观察以及设置覆膜与不覆膜的多次重复对比试验的结果,不论是覆盖无色膜,还是覆盖银灰色膜,其种子的带毒率都比常规露地栽培的种子带毒率低得多。另外,从目前大面积推广的花生品种的种子带毒率的测定结果看,虽然不同品种的种子带毒率有一定的差异,但尚未发现抗病品种。

(二)蚜虫　花生斑驳病毒病的流行程度,在相同的种子带毒率的条件下,主要取决于花生出苗后的有翅蚜高峰期的早晚、蚜株率的高低和单株蚜量的大小。

1. 蚜株率及蚜量　与花生斑驳病毒流行最密切的是花生出苗后 20 天内的蚜株率和蚜量。此期蚜株率越高、有翅蚜量越大,花生斑驳病毒病发生越重。其中蚜量高峰日的蚜量与发病率 50% 的日距呈显著负相关关系。高峰日的蚜量越大,发病率达 50% 的日期越早,发病越重;蚜量越小,发病率达 50% 的日期越晚,发病越轻。

2. 有翅蚜高峰日与发病率 50% 的日期呈极显著的正相关关系　花生出苗后的有翅蚜高峰日越早,发病越早;发病率达 50% 的日期越早,发病越重。一般年份,有翅蚜高峰日后 15 天左右即可出现发病高峰期。

3. 蚜虫传毒的潜育期　经田间蚜虫自然传毒与室内人工接种蚜虫传毒观察,花生蚜传毒的潜育期为 15 天左右,与有翅蚜高峰后 15 天左右出现发病高峰相吻合。

4. 田间蚜虫的自然传毒期　用网室培育的无病花生苗分期放在田间测定不同时期花生蚜的传毒发病率。测定结果,在花生出苗前放置的无病花生苗虽然有蚜虫发生,但不发病。花生出苗后至 8 月份放置的都可传毒发病,说明花生蚜只有在吸食花生病株汁液后才能带毒、传毒。

(三)气候因素的影响

1. 气温的影响

(1)气温的高低对花生斑驳病毒病的间接影响：温度的高低影响花生蚜的发生期和发生量，进而影响花生斑驳病毒病的发生期和发生程度。在山东、河南、河北以及安徽和江苏北部的花生产区，3月份平均气温在6℃以上，4月份平均气温在13℃以上，有利于花生蚜在越冬寄主及过渡寄主上繁殖；5月份平均气温在20℃～25℃，有利于花生的齐苗和花生蚜的迁入繁殖。蚜高峰期出现得早，发生量大，从而传毒高峰期早，发病重。

(2)气温对花生斑驳病毒病潜育期的影响：经分期测定表明，花生苗期气温较低，病毒的潜育期长，为15天左右；花生生长中后期气温高，潜育期短，为6～7天。江苏省徐州市农业科学研究所用回归直线法测定潜育期有效总积温 K＝34.5±4.5 日℃，发育起点温度 C＝21.7±0.5 日℃。

2. 降水的影响 花生出苗前10天至出苗后20天或播种后30天内的降水量与斑驳病毒病发病率达50%时的日距呈极显著的正相关。降水量越小，日距越小，发病越重；降水量越大，发病率达50%的日期越迟，发病越轻。

(四)花生田周围环境与发病程度 靠近树林、麦田、菜园、果园等花生蚜越冬寄主和过渡寄主的花生田，花生蚜迁入早，迁入量大，传毒率高，扩散速度快，发病率高，发病重。

(五)花生播种期的早晚与发病程度 一般年份，播种早的花生田发病早，发病率高，发病重；播种晚的发病轻。在重病年份则不明显。

(六)覆膜栽培与发病程度 覆盖无色或银灰色地膜的花

生田,苗期有明显的驱避蚜虫的作用,病毒病的发病率低,发生程度轻于不覆膜的花生田。

六、预测预报

(一)发病程度的划分　根据花生出苗日期至斑驳病毒病发病率达50％时的日距,将发病程度划分为以下3级:

Ⅰ级　严重发生,日距小于或等于30天。

Ⅱ级　中等发生,日距大于30天,小于或等于40天。

Ⅲ级　轻度发生,日距大于40天。

(二)发病程度的预测　通过相关系数法筛选,花生出苗后15天的总降水量和出苗后20天内的最高蚜株率(或最高蚜量)对斑驳病毒病的影响最显著。所以国内的一些研究部门用蚜量或蚜株率单因子、也有用出苗后实际降水量的单因子来预报日距长短,然后依据发病程度划分的标准预报发病程度,并用出苗后实际降水量和蚜株率双因子来预测日距值,使预测更为准确。

预报病害发生程度的目的是为了指导病害的大田防治,提高防治效果。但根据花生斑驳病毒病的传毒和发病规律,花生出苗后的蚜高峰期就是传毒高峰期。多年来的田间系统调查观察,往往花生出苗期或出苗后几天内就是蚜高峰期,甚至在花生刚顶土尚未出苗时蚜虫就从土缝迁入为害花生,出苗后就可传毒,加之目前国内在病毒病的防治上尚无特效的药物,主要靠预防,所以利用出苗后的降水量和最高蚜株率或最高蚜量的出现日期来预报发病程度,对指导大田防治工作是毫无意义的。

为了正确指导花生斑驳病毒病的大田防治,必须在花生播种前,最迟在花生播种出苗前就要对当年病害的发生程度做出预报。根据多年来的经验,在花生播种前的 3～4 月份干旱少雨,气温偏高,调查刺槐、麦田中荠菜等花生蚜越冬及过渡寄主上的蚜量高,天气预报花生出苗期或出苗后 10～15 天内又无大的降水过程,就可预报花生斑驳病毒病大发生。如果花生出苗前越冬和过渡寄主上花生蚜的蚜量很少,花生出苗后 10～15 天内天气预报无大的降水过程,或出苗前越冬寄主和过渡寄主上的蚜量高,但天气预报花生出苗后有大的降水过程,就可预报病害中等偏重或中等发生。如果花生出苗前越冬和过渡寄主上花生蚜的蚜量少,天气预报花生出苗后又有连阴雨,并有大的降水过程,就可预报轻度发生。

(三)发生期的预测　花生斑驳病毒病的感病高峰期为花生出苗后的有翅蚜高峰期,发病高峰期在有翅蚜高峰期之后 15 天左右。

七、防治方法

(一)防治适期　花生斑驳病毒病的防治适期是播种期和出苗期。

(二)综合防治措施　根据花生斑驳病毒病由种子带毒、蚜虫传染、花生出苗后的有翅蚜高峰期是传毒高峰期和覆盖无色或银灰色地膜可以驱蚜防病的特点,以及发病后又无特效农药可以治疗的现实情况,必须采取预防为主、综合防治的措施。

1. 三级选种　选用带毒率低的花生种或培育无毒花生种。三级选种包括株选、果选和粒选 3 个步骤。根据病株结果少、果型小的原理,在花生收获时将结果多、结果整齐、双饱果比例大的单株选作留种株。留种株的花生果单收、单晒、单留作种子。在花生剥种时再将小果、裂果、瘪果剔除;然后剥壳,并将变色的种仁拣除。通过三级选种可以大幅度降低种子的带毒率。如果每年都能坚持三级选种,使花生种子得到提纯复壮,就能大幅度提高花生的产量和品质。

2. 地膜覆盖　　地膜覆盖栽培花生不但可以提高地温,保水保肥,疏松土壤,改善土壤环境,而且可以驱避蚜虫,减少传毒,是防病增产的重要措施。

3. 及时防治蚜虫　　花生出苗前对花生蚜的主要繁殖场所及寄主进行全面喷药防治,如对刺槐和麦田等进行全面喷药。花生田治蚜要在花生30％出苗时和齐苗期防治2次。选用5％高效大功臣(高渗吡虫啉)可湿性粉剂或2.5％扑虱蚜(吡虫啉)可湿性粉剂,第一次喷药每公顷150克,加水300~375升;第二次喷药每公顷225~300克,加水600升。叶面喷雾,残效期可达25天左右,可有效地控制花生蚜和病毒病的发生程度。花生出苗前防治麦田蚜虫或林果上的花生蚜可选用25％快杀灵乳剂(辛氰乳油)或50％抗蚜威(避蚜雾)可湿性粉剂或30％蚜克灵可湿性粉剂(抗蚜威、乙酰甲胺磷复配)或40％灭蚜净乳剂(有机磷复合杀虫剂)2 000~3 000倍液或2.5％功夫乳油4 000倍液喷雾防治。

第三节　花生青枯病

一、分布与危害

花生青枯病分布范围较广,国外以东南亚和非洲一些国家发生普遍而严重,国内广东、广西、福建、江西、湖南、湖北、江苏、山东、安徽、河南、河北、辽宁等地都有发生。广东、广西、福建等沿海地区,苏北和山东中南部山区以及河南的桐柏等地是青枯病的重病区。病区发病率一般为 10%～20%，严重田块高达 50%以上，甚至绝收。植株在结果前发病的损失 100%，在结果后发病的损失 60%～70%，收获前发病的损失较小。由于发病盛期在开花至结荚初期，所以病区损失严重，致使这些地区的花生种植面积逐年减少。

二、症 状

花生青枯病是典型的维管束病害，主要自花生根茎部开始发生。感病初期通常是主茎顶梢叶片失水萎蔫，早上开叶晚，午后提早合叶，但夜间仍能恢复。随后病势发展，全株叶片自上而下急剧凋萎，整个植株青枯死亡。拔起病株，主根尖端变褐湿腐，纵切根茎可见维管束变黑褐色，用手挤压切口处，有白色的细菌液流出。

三、病 原

花生青枯病的病原是细菌，为假单胞杆菌属、茄青枯病菌 (*Pseudomonas solanacearum* Smith)的生理小种 1。

花生青枯病菌格兰氏染色呈阴性，好气，喜高温，生长温度范围为 10℃～41℃，最适温度 28℃～33℃。对酸碱度的适应范围为 pH 值 6～8，适应的含盐量为 0.1%～0.5%。

此病菌的致病力很强，在土壤中存活 14 个月至 8 年仍能致病，但在培养基上 10 天后就失去致病力。在干燥的情况下 4～5 天就失去活力，病株暴晒 2 天或阴干后病菌死亡。在水浸的情况下，2～3 天病菌就失去侵染力。

国内发现，低纬度地区的花生品种引种到高纬度地区普遍表现抗病，而高纬度地区的花生品种引种到南方普遍感病。说明南方病区青枯病菌的致病力强于北方病区的青枯病菌，所以在南方容易筛选出抗病品种。

青枯病菌的寄主范围很广,除危害花生外,还危害茄子、番茄、辣椒、马铃薯、萝卜、菜豆等35科200多种植物,但不危害大豆、绿豆、红小豆、豇豆、甘薯、西瓜及禾本科等作物。

四、田间发病规律

青枯病菌属土壤带菌,随着土地的耕耙、平整,病土由点到面不断蔓延,还可随雨水、灌溉水进行传播,为较难治之症。病菌从花生根部伤口或自然孔口侵入,通过皮层组织侵入维管束。植株感病后,病原细菌在维管束内大量繁殖,并向四周髓部组织和皮层组织侵染,分泌果胶酶,溶解细胞壁,致使寄主组织分解腐烂。病菌从腐烂的组织里重新散布到土壤中,借流水、田间管理活动等传播到其他植株根部,进行再侵染。如遇适宜的条件,初次侵染和再次侵染持续发生,病害迅速蔓延,造成花生成片、大面积青枯死亡。新发病田的田间病株呈点片分布,逐年加重,最后蔓延到全田。花生收获后,病菌又随病株残体在土中或堆肥中越冬。

花生青枯病在花生整个生育期都可发生,但发病高峰期在开花至结荚初期,此期发病率占整个生育期发病的70%～90%。并且发病始见期随着气温的升高而提前,春花生从团棵期开始发病,夏花生出苗后就开始发病。

五、影响发病因素

(一)土壤条件 青枯病菌是好气性病菌,土壤质地和土壤环境对病菌的生存有着极其重要的影响,也就是说花生青枯病的发生受一定的生态条件所限制。从全国青枯病的分布情况看,主要发生在保水保肥力差、有机质含量低、通气条件好的沙性土壤地带,其次是砂壤土,粘土地很少发生。山岭、坡地一般发生在岭沙土地带,其次是青沙土,平原地区一般发生在粗沙土、河沙土地带。

(二)品种抗病性 花生不同品种对青枯病的抗性差异很大。20 世纪 60 年代以前种植的蔓生型品种很少发病。20 世纪 60 年代后推广直立型品种,青枯病才逐渐蔓延起来。同样是直立型品种,南方品种比北方品种抗病。但目前生产上推广的花生品种达到 50%以上抗性的极少,特别是高产抗病的品种更少。经北方几个病区的筛选比较,表现较好的是鲁花 3 号。该品种由山东省花生研究所利用协抗青作父本、徐州 684 作母本杂交育成。株高 20 厘米左右,株型紧凑,茎枝粗壮,抗倒伏,抗旱耐瘠性好,生育期 125 天;结果集中,荚果中等偏大,丰产性好,春播露地栽培每 667 平方米产量可达250~300 千克,地膜覆盖栽培每 667 平方米产量可达 350~400 千克,属于抗病高产品种。如山东省费县、河南省桐柏县等重病区通过推广鲁花 3 号已基本控制青枯病的发生。近年来推广的鲁花 9 号、鲁花 11 号、鲁花 14 号、花育 16 号、花育 17 号、徐花 5 号、徐花 6 号等品种,抗病性、丰产性都比较好,平均每 667 平方米产量都在 300~500 千克。品种抗性分为 5 级,其划分标准为:

Ⅰ级(高抗) 病株率 10%以下;

Ⅱ级(中抗) 病株率 11%~30%;

Ⅲ级(低抗) 病株率 31%~50%;

Ⅳ级(中感) 病株率 51%~70%;

Ⅴ级(高感) 病株率 70%以上。

（三）气候的影响

1. 温度对发病的影响　花生青枯病菌是一种喜高温的细菌,当旬平均温度稳定通过 20℃时开始发病,25℃以上时进入发病盛期,7 月份平均气温在 28℃～30℃时达发病高峰。从病区的播期试验也同样可以说明这个道理,春播花生 4 月中旬播种,5 月中旬开始发病,间隔近 1 个月;而夏花生 6 月中旬播种,7 月初就开始发病,仅间隔半个月时间。

2. 降水对发病的影响　对于病区而言,降水量是病害流行的决定因素。久旱骤雨、或久雨骤晴、或时晴时雨都会导致青枯病的蔓延流行。

（四）耕作制度　花生连作发病重,轮作发病轻。水旱轮作很少发病。无水旱轮作条件的山岭、坡地,需要多年旱旱轮作;轮作年限越长,发病越轻。一般重病田需轮作 5 年以上,轻病田轮作 1～2 年。

（五）植株创伤对发病的影响　伤口有利于青枯病菌的侵染。因此花生田间管理不当造成的机械损伤及地下害虫所致的伤口,都会加重病害的发生。

六、防治方法

由于花生青枯病是一种土传病害,加之目前尚无免疫的品种,更无特效的药物防治,所以必须采取以选用抗病品种和合理轮作换茬为主的综合防治措施。

（一）选用高产抗病品种　实践证明,选用抗病品种是防治青枯病的最有效的方法。特别是一些重病地区,如河南省桐柏县、山东省费县、江苏省东海县等地都是通过推广鲁花 3 号、鲁抗青、协抗青、奥油 551、合油 4 号等抗病品种后才逐步地控制了病害的发生。今后必须进一步做好抗病品种的提纯复壮工作,防止混杂退化,并进一步培育、筛选新的高产抗病优质品种。

(二)轮作换茬　无论是重病区,还是轻病区,合理轮作换茬都是防病增产的一项重要措施。有水旱轮作条件的田块最好实行水旱轮作;无法水旱轮作的漏水田、粗沙田、冷沙地、坡地,可选用青枯病免疫作物轮作,如小麦、玉米、山芋、西瓜、大豆等;发病率50%以上的重病田轮作5～6年,发病率20%～40%的田块轮作3～4年,发病率20%以下的田块轮作1～2年,都能收到明显的防病效果。

(三)加强栽培管理　青枯病的发病程度与土壤肥力有关,应多施腐熟的不带菌的有机肥,提高土壤的肥力,改善土壤的性质,及时防治地下害虫。在病田内农事操作时尽量减少对花生植株的机械损伤。同时搞好三沟(丰产沟、腰沟、田边沟)配套,雨过田干不积水,可以减轻病害的发生程度。还要在病田周围开好隔离沟,防止青枯病菌随流水传播感染其他田块。对新病区或零星发病的田块,为了防止蔓延,要及早拔除病株,集中烧毁或深埋。

(四)化学防治　发病初期用硫酸铜∶生石灰∶硫酸铵＝1∶2∶7的复配剂稀释1 000～1 500倍,每穴花生浇药液200～250毫升,有较好的防治效果。

第四节　花生叶斑病

一、分布与危害

花生黑斑病和褐斑病统称为花生叶斑病。此病在我国花生产区普遍发生,是花生中后期的重要病害。花生发病后,叶片提早脱落,未老先衰,一般年份减产 20％左右,重病年份减产 30％以上。

二、症　状

花生黑斑病和花生褐斑病两种病害都以危害叶片为主。①黑斑病病斑初为褐色小斑点,后扩大为圆形或近圆形病斑,直径多在 4 毫米左右,很少有超过 10 毫米的。病斑正反两面均为黑褐色或黑色,有淡黄色晕圈,最大的特点是病斑背面有许多黑色小点粒(子座),并呈轮纹状排列,天气潮湿时产生灰褐色霉层(分生孢子梗和分生孢子)。发病严重时每张叶片上可产生许多病斑,并相互连成不规则形的大斑,叶片大量脱落,仅留顶部新生的几片小叶。②褐斑病的初期症状和黑斑病相似,后扩大成比黑斑病稍大的圆形或不规则病斑。正面红褐色或紫褐色,有明显的黄色晕圈;背面色浅,黄褐色。与黑斑病相比,最大的特征是子座即黑色小点粒很小,分布在病斑的正面,不明显,且无轮纹。潮湿时也产生灰褐色霉层。由于两种病害常常同时发生,所以统称为叶斑病。

三、病　原

两种病害均由真菌中半知菌类、丛梗孢目、尾孢属病菌引起。两种病菌的共同特点是分生孢子梗短,褐色。一般无隔膜或有 1～2 个隔膜。顶部弯曲呈膝状,散生或丛生在病斑表面。分生孢子顶生,多细胞,有横隔膜,棍棒形至鞭形。

病菌生长发育的温度为 10℃～30℃,最适温度为 24℃～26℃。

两种病菌的不同点主要表现在:黑斑病菌的分生孢子梗丛生在子座上,子座明显地突出在病斑的背面,呈黑色小点,排列成轮纹状;分生孢子梗黑褐色;分生孢子倒棍棒形或圆筒形,橄榄色。褐斑病菌的子座分散,排列不整齐;分生孢子梗淡褐色;分生孢子倒棍棒形或鞭形,较黑斑病菌细而长,无色或淡褐色。

四、田间发病规律

病菌主要以分生孢子座或菌丝团在病株残体内越冬。下一年当外界条件适宜时,越冬的病菌产生分生孢子,靠风雨传播到花生植株上,萌发芽管,直接侵入寄主表皮,或从气孔侵入。以后病菌不断生长发育,形成子座,重新产生分生孢子,借风雨传播进行再侵染,使病害发展蔓延。春花生田的病菌还是夏花生和秋花生发病的侵染源。

花生植株自苗期至收获期都可发病。春花生田有两个明显的发病高峰:第一发病高峰在开花下针期,为 6 月中下旬。特点是多在植株底部叶片发病,病斑少,不向上蔓延,为横向发病高峰期,病害造成的落叶少,危害性不明显。第二发病高峰在花生的中后期,为 8 月中下旬。特点是由原来的植株底部叶片发病向中上部叶片发展,病情发展迅速,病斑多,花生叶片大量脱落,为纵向发病高峰期,对花生产量影响最大。夏花生只有 1 个发病高峰,在 8 月下旬至 9 月上旬,发病程度轻于春花生。

五、影响发病的因素

(一)发病与温度的关系 田间发病的最适温度为24℃～26℃。当半旬平均气温在 27℃以上、最高平均气温在 30℃以上时,能抑制病害的发展。如苏北、山东、河南、河北等地的花生产区,5 月中下旬平均气温达 20℃左右时田间开始出现病株,6 月上中旬平均气温达 23℃左右时进入第一发病始盛期,

6月中下旬至7月上旬平均气温达24℃～26℃时,出现第一发病高峰。7月中下旬,上述地区平均气温大都在27℃以上,最高平均气温在30℃以上,病害发展受到明显的抑制,田间病情发展缓慢,甚至有下降的趋势。8月上旬以后,这些地区的平均气温又下降到26℃～24℃,叶斑病进入第二发病高峰。因温度的影响,春花生田呈现两个明显的发病高峰。

(二)发病与降水的关系　叶斑病的发生程度与降水的关系最为密切,主要体现在3个方面:一是降水影响气温,间接影响发病;二是降水影响土壤和根系活力,进而影响植株的抗病能力;三是降水影响田间湿度,进而影响病菌分生孢子的萌发。这3个方面的综合影响会加重或减轻叶斑病的发生程度。苗期雨水偏少,气温高,有利于培育壮苗,增强抗病性,发病轻。6月份春花生开花下针期干旱少雨,植株生长不良,气温升得快,会加重第一发病高峰的发病程度,如雨水充沛,植株生长茂盛,发病程度就轻。7月份,特别是7月中下旬至8月上中旬,如阴雨天多,降水量大,会使高温天气减少,适温高湿,加之土壤水分长期饱和,根系活力下降,抗病力弱,从而导致花生叶斑病的大发生。相反,7月中下旬至8月上中旬雨水偏少,不但有利于花生荚果的成熟,而且高温天气多,能控制叶斑病的发展,减轻发病程度。

(三)发病与花生生育期的关系　花生生长前期,营养生长旺盛,抗病力强,发病轻,且多是植株底部叶片零星发病。而后期营养生长衰退,抗病力下降,发病重,植株上下部叶片都可发病。

(四)发病与土壤肥力及施肥的关系　调查结果表明,施肥水平高、有机肥与无机肥结合、氮磷钾比例合理、土壤肥力好的田块,花生长势好,营养生长与生殖生长协调,叶斑病发生轻,而土质差,施肥水平低的脱肥早衰田块,花生长势差,发病重,因此,花生叶斑病属于"穷病"。

(五)发病与品种的关系 目前大面积推广的花生品种中尚未发现抗病品种。但发病较轻的有徐花 5 号、徐花 6 号、徐早花 1 号、鲁花 9 号、鲁花 11 号、鲁花 14 号、花育 16 号、花育 17 号等品种。

(六)发病与栽培季节和栽培方式的关系 早春双膜栽培的菜用花生,6 月份即收获上市,病害发生很轻,不需用药防治。地膜栽培的春花生收获期比露地春花生提早收获 15 天左右,叶斑病的危害程度轻于露地春花生。夏花生的发病程度轻于露地春花生。

六、预测预报

(一)发生程度的预报 多年来的系统观测结果,6 月份的开花下针期如干旱少雨,7 月份的雨期又推迟到 7 月中下旬至 8 月上中旬,并且雨日多,降水量比常年偏多,就可预报大发生;如果 6 月份雨水正常,7～8 月份雨水偏少,就可预报中等偏轻发生;如果 7～8 月份雨水正常,就可预报中等偏重发生。

(二)发生期及防治适期的预报

1. 根据天气预报的平均气温预报发生期 6 月中下旬至 7 月上旬,如果气温稳定上升到 23℃～24℃,就会进入第一发病始盛期,也是叶面喷肥防病适期;如果气温稳定上升到 24℃～26℃,就会进入第一发病高峰期。7 月中下旬至 8 月上中旬,如果平均气温稳定下降到 26℃～25℃,就会进入第二发病始盛期,也是药剂防治适期;如果气温稳定下降到 25℃～24℃,春花生进入第二发病高峰期,夏花生也达发病高峰期。

2. 调查病情指数,验证防治适期 从花生齐苗后开始,定田不定点地系统观察花生叶斑病的发病程度,5天查1次,每次每块田5个点取样,每个点顺序查10穴花生,每穴花生随机查1个主茎和1个第一对分枝,计数总小叶片数(复叶数×4)和发病小叶数,以穴为单位进行病情分级。每次调查后根据病情分级的结果计算病情指数。

病情指数＝〔(1级数×1＋2级数×2＋3级数×3＋4级数×4)÷(调查总穴数×4)〕×100

当病情指数达10%～15%时,为叶面喷肥防病的适期;当病情指数达25%时,为第二发病高峰的始盛期,也是药剂防治适期。

花生叶斑病病情分级标准为:

0 级   无1张小叶发病;

Ⅰ 级   发病小叶数占总小叶数的25%以下;

Ⅱ 级   发病小叶数占总小叶数的26%～50%;

Ⅲ 级   发病小叶数占总小叶数的51%～75%;

Ⅳ 级   发病小叶数占总小叶数的75%以上。

七、防治方法

(一)农业防治

1. 选用高产病轻或高产耐病良种 目前较好的高产抗病良种有:徐花5号、徐花6号、鲁花9号、鲁花11号、鲁花14号、花育16号、花育17号等。各地应不断选育和筛选接班品种,以适应花生高产、优质、抗病的需要。

2. 合理施肥

(1)施足基肥:注意有机肥、无机肥搭配,氮、磷、钾肥搭配。每667平方米施土杂肥2～3立方米,尿素10～15千克,过磷酸钙 25～40 千克,硫酸钾 15 千克或草木灰 150～250 千克,或花生专用复合肥 25％含量的 50 千克或 45％含量的 25 千克。

(2)推广初花期追肥:底肥未施氮肥的田块,初花期打眼带水追施碳酸氢铵每 667 平方米 10～15 千克。

(3)推广叶面喷肥:在开花下针期病情指数达 10％～15％时,每 667 平方米用尿素 250 克,磷酸二氢钾 150 克,加水 30～40 升,用手压喷雾器喷施;或加水 10 升,用弥雾机叶面喷施。后期结合药剂防治再喷施 1～2 次。

3. 三沟配套、排涝降渍 实行竖畦横垄种植,开好丰产沟、腰沟、田头沟,疏通外围沟系,保证雨过田干,不积水,无涝渍,可以减轻病害的程度。

4. 推广地膜或双膜覆盖栽培 地膜或双膜覆盖栽培不但可以减轻叶斑病的发生程度,而且花生产量高,提前收获,提前上市,价格好,收益高。

(二)化学防治 在叶斑病开始向上部叶片发展、病情指数达 25％左右时,即第二发病高峰前及时用药防治,是目前防治叶斑病的有效措施,一般可增产 10％～20％,平均增产 15％左右。主要表现在单株结果数增加,饱果率、出仁率、果重提高。药剂防治要注意以下 6 点:

1. 选用高效低毒低残留农药 经多年试验推广,目前防治花生叶斑病的理想农药有甲基托布津(甲基硫菌灵)、多菌灵、百菌清、代森锰锌等。

2. 肥药混用 治病与叶面喷肥相结合,即治病与"扶贫"相结合。每 667 平方米用 40％甲基托布津胶悬剂或 40％多菌灵胶悬剂 50 毫升,或 75％百菌清可湿性粉剂或 50％代森锰锌可湿性粉剂 100 克,加磷酸二氢钾 150 克,尿素 250 克。肥药混用,无论防病效果还是增产效果,都比单用的好。

3. 方法对路 喷雾法最好,喷粉和毒土法易被雨水冲掉,防效差。

4. 合理掌握喷药次数 春花生一般防治2次(两次防治所用的药品不得相同),间隔7~10天。7月中下旬至8月上中旬雨水少、持续高温的年份,地膜花生不需用药防治。露地春花生防治1次即可,夏花生亦只需防治1次。

5. 用水量要足 在药量相同的情况下,防治效果的好坏与对水量关系很大。对水过少,喷药很难均匀;对水量过大,药液落地太多,防效差。对水量还与喷药机械有关。用弥雾机时的对水量为每公顷150升,用手压喷雾器时的对水量为每公顷450~600升。

6. 喷药要均匀 雾滴要细,喷匀喷透,防止重喷、漏喷。

第五节 花生根结线虫病

一、分布与危害

花生根结线虫病又叫花生线虫病、花生根瘤线虫病,俗称地黄病、黄秧病。此病最早发生在山东烟台等花生产区,以后大部分花生产区都有发生。主要分布在山东、北京、陕西、河北、广东、河南、安徽、湖北、辽宁、甘肃等地,以山东省发病最重。海阳市、新泰市、费县等都是山东的重病区。此病危害性大,一般发病田块减产30%左右,重病田块减产70%以上,甚至绝收。因此,被列为国内植物检疫对象。

二、症　状

花生的根、荚果、果柄、根颈都可被害,但以根部、特别是根端受害为主。花生出苗前后,线虫就侵入主根尖端,使根尖膨大成纺锤形或不规则形虫瘿,初期乳白色,后变黄褐色,大小如小米粒或绿豆粒。以后在虫瘿上长出许多细小的须根,须根尖端又被线虫侵染形成虫瘿,虫瘿上又长出许多细小的须根,须根端部再次形成虫瘿,如此反复侵染,最后使病株根部变成乱丝状的须根虫瘿团,上面附有很多小土粒,很难抖落。剖开虫瘿,可看到乳白色针尖大小的线虫。线虫也可侵染果柄、果壳、根颈,并形成虫瘿。幼果被害形成乳白色的小虫瘿,在成熟荚果的果壳上形成褐色突起的较大的虫瘿,根颈和果柄上形成像葡萄果穗一样的虫瘿。

由于病株根系受到线虫的危害,使吸收肥、水的能力大大降低,植株地上部生长不良。一般在花生始花前后,地上部开始表现症状,病株生长缓慢;始花后,植株基部叶片变黄,叶缘焦枯,提前脱落,而且花少,开放迟。至盛花期,整个病株萎黄不长,故又称为地黄病。在雨季,病株虽能转绿继续生长,但仍较健株矮。田间常常出现一片片的病窝,但很少死亡。轻病株结果少,且大都为瘪果;重病株很少结果。

三、病　原

花生根结线虫病的病原线虫有两种:一种是广东的花生根结线虫(*Meloidogyne arenaria* Neal),另一种是山东的北方根结线虫(*M. hapla* Chitwood)。

线虫为雌雄异形,雌虫的表皮较厚。线虫的整个生活史分卵、幼虫和成虫 3 个阶段。①卵:肾脏形,黄褐色,长 72～130

微米,宽 30～45 微米,藏于棕黄色的胶质卵囊内,1 个卵囊内有卵 100～300 粒不等。②幼虫:分为 5 龄,也称 5 期。1 龄幼虫线形,白色,常呈"8"字形蜷曲在卵壳内,脱皮后破卵而出变为 2 龄。2 龄幼虫仍为线形,无色透明,头部较钝,尾部尖削,吻针呈大头针状,食道球有 2 个弯曲;体长 280～530 微米,宽 12～23 微米,活动缓慢,寻找寄主,侵入根部后发育成豆荚状,也称豆荚期,脱皮后进入 3 龄。3 龄幼虫雌雄形态开始分化,雄虫线形,雌虫变宽呈尖椒形。4 龄幼虫,雄虫虫体继续延长,雌虫变化不大。5 龄幼虫,雄虫发育成早期雄成虫,雌虫则呈酒瓶状,即早期雌成虫。③成虫:再次脱皮即变成成熟的雌雄成虫。雌成虫呈鸭梨形或桃形,乳白色,前端尖,后部圆,体长 360～850 微米,宽 200～500 微米。雄成虫蠕虫状,灰白色,前端稍尖,后端钝圆,有 2 根交合刺。

两种根结线虫的不同点是:山东的北方根结线虫阴门近尾尖处常有点刺,近侧线处无不规则的横纹;而广东的花生根结线虫近尾尖处无点刺,近侧线处有不规则的横纹。

根结线虫除危害花生外,还危害大豆、绿豆、小豆、芝麻、棉花、烟草、西瓜、甜瓜、冬瓜、南瓜、萝卜、胡萝卜、白菜、芹菜、菠菜、葱、番茄、马铃薯等 16 科 80 多种作物,以及 19 科 50 多种野生寄主植物。

根结线虫较耐低温,把虫瘿内的线虫放在 -10℃ 的冰箱内 26 小时仍有侵染力。不耐干燥,将含有虫瘿的病根、荚果晒干,含水量在 8%～10% 时,线虫全部死亡。但耐淹性很强,把虫瘿水浸 135 天仍有侵染能力。

四、田间发病规律

根结线虫以卵和幼虫随病根、果壳在土壤和粪肥中越冬,翌年平均气温稳定上升到 11℃～12℃时,卵开始孵化,并在卵壳内脱皮变成 2 龄幼虫后破卵壳而出成为侵染期幼虫。随着地温的升高,幼虫开始在土壤中活动,当春播花生生根后,侵染期幼虫先用吻针穿刺花生幼根的表皮,并由食道腺分泌毒素破坏根的表皮,形成小的孔洞,然后钻入根内在根端定居,使根的端部发育失常,形成瘤状的虫瘿。线虫在虫瘿内吸食花生根的汁液,进行生长发育,直到第五次脱皮后变成成虫。雌雄成虫交配后,雌成虫定居原处为害、产卵,不再移动。卵产于阴门外的卵囊内,雌虫产卵后死亡。雄虫交配后不久即死亡。卵在虫瘿内或土壤中孵化,继续为害,进行再侵染,使发病面积不断扩大。

根结线虫在 1 年内发生的世代数主要取决于温度。地温 18℃～21℃时 50～60 天完成 1 代,24℃～28℃时 32～47 天完成 1 代。一般年份,南方 1 年发生 4～5 代,北方 1 年发生 2～3 代。

根结线虫在田间传播的途径,除线虫自身扩散外,主要靠人、畜、农具等农事活动的携带及雨水冲刷进行传播。另外,施用带虫的土杂肥以及感病的野生寄主植物也能传病。远距离传播主要靠带虫种子及荚果的运输。

五、影响发病的因素

(一)土壤质地　根结线虫多发生在通气良好、质地疏松的砂壤土和沙土地中,尤以肥力低的沙质岭薄地发生重。低洼、返碱地和粘性土壤发病轻或不发病。

(二)土壤温度　土温影响根结线虫的侵入和生长发育。土温达 11℃～12℃时卵开始孵化,达 15℃以上时幼虫破卵而出。其侵染的土温范围为 12℃～34℃,最适土温为 15℃～

20℃。土温 12℃～19℃时,幼虫 10 天才能侵入,20℃～26℃时,4～5 天就能大量侵入。高于 26℃不利于侵入。幼虫发育适温为 25℃～28℃,致死温度为 45℃。

(三)土壤湿度 土壤含水量占田间最大持水量的 20%以下和 90%以上都不利于根结线虫的侵入,幼虫侵入的最适土壤含水量为 70%。伏雨来得早,雨日多,雨量大或伏雨来得晚,雨日少,雨量小均发病较轻。

(四)耕作制度 连作地发病重,轮作地发病轻。特别是水旱轮作可以控制病害的发生。

(五)播期早晚 早播田比晚播田发病重,春花生田比夏花生田发病重。

六、防治方法

(一)严格进行种子及荚果检疫 建立无病留种田,无病区禁止从病区引种,也禁止从病区调运荚果或其他寄主植物,以防远距离传播,控制病区的发展。

(二)重视农业防治

1. 轮作换茬 轮作换茬是控制根结线虫病的最有效的办法。有条件的地方,尽量采取水旱轮作;无条件的山岭岗地发生区,可以用小麦、玉米、高粱、谷子等禾本科作物与山芋轮作 2～3 年后再种花生。这样可大大减少根结线虫的密度,从而减轻病害的发生程度。

2. 改良土壤 深翻土地,增施土杂肥,提高土壤的肥力,增强花生的抗病能力。

3. 清除病株残体,减少传染源 病区花生收获时要深挖或深耕细收,尽量不断根、不掉果,不使病根、病果遗留在土中。同时要清除田间杂草,连同摘过果的花生秧一起在田内晒干，集中烧掉，不要带出田外。病区花生果不能留种，并要晒干，食用后的果壳也要随时烧掉。不能用病地花生秧喂牲畜、垫圈、积肥。混有病株残体的土杂肥不要施入花生田。

（三）药剂处理土壤　以下几种方法任选一种都可收到良好的防治效果。

第一，每 667 平方米用 10％的防线 1 号乳油 2～2.5 千克，加少量水喷拌细土 25～30 千克或喷拌细沙 40～50 千克，将喷拌过的细土或细沙在花生播种时撒入播种沟内即可。使用防线 14 号、防线 15 号、防线 16 号颗粒剂防治效果也很显著。

第二，每 667 平方米用 40％甲基异柳磷乳油 1 千克或 2.5％涕灭威颗粒剂 3～4 千克拌细土 25～30 千克或拌细沙 40～50 千克撒于播种沟内，不但能防治根结线虫病，而且能兼治金针虫、蛴螬、金龟子和地上部的蚜虫和病毒病。

第三，新病区的点片发生田，可选用 10％防线 1 号乳油或 40％甲基异柳磷乳油用水稀释 1 000～1 500 倍，于发病初期，对病穴及其附近 2 米范围内的花生每穴打眼浇对好的药液 0.5 升即可。

第六节　花生纹枯病

一、分布与危害

花生纹枯病在南方普遍发生，尤以广东、广西、福建等花生产区发病最重。但自 1990 年以来，北方花生产区也开始零星发生，并逐年加重。花生发病后过早落叶，造成减产。一般田块减产 10％左右，发病重的减产 20％以上。

二、症　状

花生纹枯病可以危害花生的叶片、托叶、茎秆、荚果,但以危害叶片为主。叶片感病,先在叶尖、叶缘或叶片中间产生灰绿色、水渍状小病斑,进而扩展成灰绿色、不规则形的云纹状大病斑。湿度大时,病斑相连,叶片枯死,卷缩成一团,并产生菌丝、菌核,叶片与叶片连在一起,有的病叶腐烂、脱落,仅留叶脉,呈麻丝状。雨后天晴,湿度变小,病斑呈灰白色,干裂穿孔。从田间的发病情况看,有明显的发病中心,并且先从植株底部叶片开始发病,逐步向四周、向上蔓延,结果使此病在田间成片成片地发生,造成中下部叶片过早脱落,发病重的甚至成光秆。茎秆发病,产生褐色云纹状病斑,发病重的可引起地上部枯死。托叶发病呈褐色枯死。

三、病　原

该病是由担子菌中的花生纹枯病菌(*Pellicularia Diseases*)所引起的真菌性病害。据报道,该病菌除危害花生外,还危害水稻、小麦、大麦、谷子、玉米、大豆、烟草、菜豆、丝瓜、桑等14科、100多种植物。

花生纹枯病菌为高温高湿型病菌,所以南方发病早、发病重,北方则集中在高温多雨季节发生。病菌的菌核在干燥的土壤中有一半可存活21个月。在淹水的情况下,30%的菌核可存活7个月。

四、田间发病规律

病菌以菌核在土壤中或病残体中越冬,或以菌丝体在病残体中越冬。翌年条件适宜时产生菌丝直接侵染花生植株底部叶片,成为初侵染源。发病的叶片产生新的菌丝和菌核,新的菌丝直接侵染相邻的叶片,新的菌核靠风雨和流水传播扩大再侵染;再侵染的叶片又产生菌丝和菌核。如此反反复复地向上、向周围扩展,导致病害的蔓延和流行。

在南方,花生纹枯病的始病期为5月下旬至6月上旬,6月上中旬开始发展,7月份为发病高峰期,8月上旬停止蔓延。因发病早、发病高峰期长达30天左右,所以发病重。在北方,多在6月中下旬至7月上旬开始发病,7月中下旬为发病高峰期,7月底停止蔓延。因发生迟,发病高峰期短,所以发病程度比南方轻。但如果北方7月份阴雨天多,高温高湿的天气持续时间长,病害迅速蔓延,也会大流行。

五、影响发病的因素

(一)温度 据多年的田间观察,花生纹枯病的发病高峰期都在7月份的高温季节,高峰期内的平均气温都在27℃以上。7月下旬至8月上旬平均气温下降到27℃以下时,病害停止蔓延。

(二)湿度 湿度是花生纹枯病发生蔓延的决定性条件。在常年的发生期内,如果降水早,发病就早;如果降水早而勤,雨日多,雨量大,田间长期处于高湿的状态,就会造成该病的大流行;发病越早、高湿的时间越长,发病越重;相反,如果降水来得晚,雨日少,雨量小,则发病晚,发病慢,发病轻。

(三)花生的生育期 花生纹枯病的发生需要荫蔽高湿的条件。花生的苗期植株小,覆盖度低,田间湿度小,不利于病害的发生;花生生长后期叶片大量脱落,田间通风透光条件好,也不利于该病的发生;只有开花下针期至结荚期,特别是结荚期,花生封垄,长势旺盛,田间郁蔽,最有利于纹枯病的发生和蔓延。

（四）花生长势　施肥水平越高、花生长势越旺，发病越重。特别是偏施氮肥的田块、疯长的田块发病重。因此说，纹枯病是"富病"。合理施肥、花生生长健壮的田块，抗病能力强，发病轻。

（五）土质　土质疏松、通透性好的砂壤土、沙性岗黑土、青沙土、岭沙土，田间湿度小，植株健壮，发病轻；土质粘重、通透性差的老黄土、黑粘土、包浆土、白浆土发病重。

（六）栽培方式　早春双膜覆盖栽培的菜用花生和地膜覆盖栽培的春、夏花生，不但田间湿度小，而且地膜还能抑制病菌的侵入，所以发病程度明显轻于露地栽培的花生。据笔者在苏北、鲁南的调查，露地栽培的花生，花生纹枯病的穴发病率一般在 10%～30%，双膜菜用花生未见发病，地膜花生的穴发病率在 5%～15%。竖畦横垄栽培的花生，发病程度也明显轻于竖畦竖垄栽培的花生。

（七）耕作制度　花生纹枯病菌的寄主种类多，凡是与小麦、水稻、玉米等禾本科作物或与豆科作物轮作的花生田，均发病重；与山芋等非寄主作物轮作的花生田，发病轻。

六、防治方法

（一）农业防治

1. 选择好的土质　应选质地疏松的砂壤土、沙性岗黑土、紫沙土、青沙土、岭沙土播种花生。深翻过的包浆土和白浆土也可种植。

2. 清除病株残体　花生收获后，将落入田间的病叶集中烧毁。特别是北方花生产区的点片发病区，在花生起收时，将发病花生的病株以及落入地表的病叶收集干净、带出田外烧毁,能有效地控制病害的发生。

3. 深翻土地　花生纹枯病的初侵染源主要是上两年落入田间的菌核,因此,花生及寄主作物收获后如能及时深翻土地,将落入田间的菌核翻入深土层中,可有效地减少菌源。

4. 科学施肥　花生施肥应以有机肥为主,氮、磷、钾肥搭配,防止偏施氮肥,这样可使花生生长稳健,提高抗病能力(详见本章第十节)。

5. 高垄双行,竖畦横垄,开好沟系　高垄双行种植,能改善田间通风透光条件。竖畦横垄种植,并开好丰产沟、腰沟、田边沟,保证雨过田干,降低田间湿度,都是控制病害发生的重要措施。

6. 推广保护地栽培　地膜覆盖栽培花生能很好地降低田间湿度,改善土壤结构,提高花生的抗病能力,抑制病菌的侵入和传播,从而大大减轻病害的发生程度。

7. 喷施多效唑,控制花生旺长　在花生基本封行时,每667平方米用15%多效唑可湿性粉剂30～50克,磷酸二氢钾100克,加水30～40升,叶面喷施,不但能有效地控制花生旺长,提高花生的光合能力,使叶片颜色变深,生长整齐,而且能改善田间通风透光条件,降低湿度,增强花生的抗病性,从而减轻纹枯病的发生程度。

8. 合理轮作　重病区实行花生与山芋等非寄主作物轮作2～3年,能减轻病害的发生。

(二)喷药防治

1. 防治适期　发病初期至病害开始扩展时为药剂防治适期。

2. 农药种类　40%纹霉星可湿性粉剂每667平方米40克,或5%井冈霉素粉剂100～150克或5%井冈霉素水剂

100~150 毫升。

3. 防治方法　将纹霉星或井冈霉素对水 50 升,用手压喷雾器喷雾;或对水 10 升,用弥雾机对花生的中下部叶片喷雾。喷头或喷管一定要插到叶丛下面喷雾。

第七节　花生网斑病

一、分布与危害

花生网斑病又称花生网纹污斑病,有的地方还叫云纹斑病,是 1980 年以来由北向南逐步扩展蔓延起来的花生新病害。目前我国中部和北部的苏北、皖北、山东、河南、河北、辽宁、陕西、北京等花生产区普遍发生。一般年份减产 20% 左右,严重年份减产 30% 以上。

二、症　状

花生网斑病主要危害花生叶片。田间自然发病一般先从植株下部叶片开始,初期症状是叶片正面出现淡黄褐色的小点,进而形成淡黄褐色的星芒状小病斑,并进一步发展成中间褐色、四周黄褐色、边缘界限不明显的不规则形网状病斑。该病最明显的特征是病斑周围的界限不清,呈星芒状(或称放射状)向外扩展,病斑中心和边缘之间呈明显的丝网状。大病斑中心的网状不明显。病斑散生,严重时连成一片,造成花生叶片提早脱落。叶片背面初期症状不明显,当正面病斑发展到中后期时,相对应的反面才出现淡黄褐色的病斑。叶片尚未脱落时,无论病斑的正面还是反面都很少看到小点粒(分生孢子器)。但在脱落于地面的病叶上很容易找到黑褐色的小点粒,即分生孢子器。

三、病　原

花生网斑病由真菌中的半知菌类、茎点霉属、花生茎点霉（*Phoma arachidicola* Marasas，Pauer ＆ Boerema）的侵染所引起。据各地接种观察以及大面积的普查结果，该病菌只侵染、危害花生。

花生网斑病菌的分生孢子器球形或扁球形，埋生或半埋生（所以小点粒不像黑斑病那样明显），一般具孔口，直径大小不一，一般 50～190 微米。分生孢子无色，长椭圆形或哑铃形，两头钝圆，绝大部分为双孢，极少数为单孢、三孢、四孢。分生孢子的分隔处常缢缩，有 1～3 个油球，少数多个油球。分生孢子的大小，沈阳农业大学测定双孢孢子为 11.3～19.3 微米×4.4～7.8 微米，西北农业大学测定为：双孢孢子 7.5～21 微米×3.8～7.8 微米，三孢孢子 13.8～22.5 微米×3.4～6.5 微米，四孢孢子 15～20 微米×3.4～6.3 微米，单孢孢子 11～13.8 微米×2.3～5 微米。

国内外学者用田间病叶上的病菌分离物在人工培养基上培养，发现无论是网斑病的单孢还是双孢孢子的分离物，在人工培养基上的产孢情况都是一样的结果，都是以单孢孢子为主，双孢孢子很少，并且未发现三孢或四孢孢子，与田间病叶的产孢情况不同。

据沈阳农业大学观察，PDA，PSA 两种培养基都适合花生网斑病菌的生长。其初生菌落白色，渐变为灰白色，气生菌丝紧密，不产生分生孢子器。他们又用花生茎叶煎汁琼脂培养基、茎叶天然培养基、玉米砂培养基和燕麦片培养基培养，均未产生分生孢子器。西北农业大学用单孢、双孢孢子分离物在近紫外光照射的燕麦琼脂培养基、大麦粒-琼脂培养基和沙-叶培养基上培养都产生了大量的分生孢子器。

据沈阳农业大学等的测定结果,该病菌分生孢子萌发的最适宜温度为 20℃～25℃,并需要水膜的存在。人工接种花生叶片,17℃～20℃时,潜育期 14～18 天,产生成熟的分生孢子需 47～52 天;22℃～24℃时,潜育期 6～9 天,产生成熟的分生孢子需 29～34 天。

取室内悬挂保存和室外地表越冬的上一年病叶标本,每隔 1 个月测定 1 次分生孢子萌发率,结果均为翌年 8 月份 100％不萌发。说明该病菌的生活力只 1 年左右。

四、田间发病规律

花生网斑病菌多以菌丝和分生孢子器随脱落的病叶残体在田间越冬,翌年花生出苗后,遇适宜的环境条件便产生分生孢子,借风雨传播,侵染花生叶片,形成初次侵染源。被初次侵染的叶片发病后又产生分生孢子进行再侵染。如此反复,造成花生网斑病的蔓延与流行。

据各地的调查结果,花生网斑病的始发期为春花生的开花期,苏北、皖北、山东、河南等地为 6 月上旬,河北、陕西、北京等地为 6 月中旬,东北的大连市、沈阳市等地为 6 月下旬至 7 月上旬;始病期发病轻,病斑不明显。以后进入高温季节,病害的发生发展受到明显的抑制,直到 7 月下旬至 8 月上旬,气温下降,花生进入饱果成熟期,才进入发病盛期,8 月中旬至 9 月上旬达发病高峰期。

五、影响发病的因素

(一)温度　根据田间病情消长趋势的分析,花生网斑病的发生、消长与气温的关系非常密切,田间发病的适宜温度为22℃~26℃,与花生叶斑病基本相似。低于22℃或高于26℃都不利于该病的发生和蔓延。每年的春夏交接和立秋以后都会出现22℃~26℃的适宜温度范围,所以每年有两个发病高峰。第一发病高峰在春夏交接的春花生开花下针期,但因此时的适温期很短,很快被高温季节代替,所以发病轻。第二发病高峰在立秋以后春花生的饱果成熟期,此时的适温时间长,发病条件适宜,所以发病最重,危害性最大。

(二)湿度 病菌孢子的萌发需要水膜,所以湿度影响病害的发生和流行。特别是在7月中下旬至8月上中旬,如阴雨天多,田间湿度大,就会造成花生网斑病的流行;阴雨天越多,发病越重。相反,在这一时期内如降水天数和降水量比常年偏少或一直干旱少雨,持续高温,发病就轻。地势低洼的潮湿田发病重。

(三)品种的抗病性 目前推广的花生品种都普遍发生网斑病,尚未发现高抗品种。但品种间的发病程度有明显的差异。

(四)花生生育期 同一花生品种在不同生长发育阶段的抗病性明显不同。苗期和结荚期营养生长旺盛,抗病力强,发病轻;开花下针期是营养生长和生殖生长的转折期,抗病能力稍有下降,开始发病;饱果成熟期,营养生长衰退,抗病力最弱,发病最重。

(五)耕作制度 大面积水旱轮作的稻茬花生网斑病发生轻,连作的花生田发病重;长期推广免耕的地区发病重,而坚持一年至少1次深耕土地的地区发病轻;春夏花生并存的地区发病重,夏花生区发病轻。

(六)花生长势 土壤肥力和通透性好的花生田,花生生长健壮,抗病能力强,发病轻。土壤肥力差、严重缺肥早衰的花生田发病重。特别是花生生长的后期,脱肥越早、脱肥越重,发病越重。因此,花生网斑病和叶斑病一样,也是"穷病"。

（七）栽培方式　早春双膜栽培的菜用花生,播种早,收获早,发病很轻。地膜栽培的花生,生长发育快,成熟期提前,收获早,危害期短,危害程度轻于露地花生。竖畦横起垄种植的花生,排水性好,田间湿度小,发病轻;竖畦竖起垄种植的花生,排水性差,田间湿度大,发病重。

六、防治方法

（一）推广抗病、耐病品种　根据品种比较试验,目前我国北方使用的花生品种中,对网斑病抗性较强的高产优质品种主要有鲁花9号、鲁花10号、鲁花11号、花37等。

（二）积极实施农业防治措施

1. 合理轮作,深翻土地　根据花生网斑病菌寄主单一、主要随脱落病叶的残体在田间越冬、生活力只1年左右的特点,实行水旱轮作1年、旱旱轮作2年,花生收获后及时深翻,将病叶残体翻入深土层中,可减少病原,减轻发病程度。

2. 清除田间的病叶残体　网斑病造成花生后期大量落叶,病菌随脱落的病叶遗留田间,成为下一年花生发病的主要传染源。在花生收获后将田间的病叶及时清除,集中烧毁,能有效地控制下一年的发病程度。

3. 采用科学的种植方式　双膜覆盖栽培的早春菜用花生发病轻,不需用药防治;地膜栽培的花生收获早,有明显的避病作用;竖畦横垄加上地膜覆盖,可有效地减轻网斑病的发生危害程度。

4. 提高管理水平　加强田间管理,保护地膜,实行全程覆盖;开好丰产沟、腰沟、田边沟,疏通外围沟,确保田间排水畅通、雨过田干;施足底肥,增施有机肥,实行氮磷钾肥搭配,花针期和后期进行叶面喷肥,促进花生生长健壮,防止后期脱肥早衰,都能大大提高花生的抗病能力,减轻发病程度。

(三)喷药防治

1. **防治适期**　花生网斑病的药剂防治适期在 7 月中下旬、平均气温下降到 26℃～25℃时。如 7 月中下旬至 8 月上中旬干旱无雨、持续高温,防治适期则推迟到 8 月上旬的雨后 2 天内。

2. **无毒或低毒有效的农药品种**　目前防治花生网斑病效果好的无毒生物农药只有农抗 120,每 667 平方米用药 0.25 千克,防治效果为 20%～30%。喷施物理保护剂高脂膜,每 667 平方米用药 0.2 千克,能有效地防止病菌的侵入和发展,防效为 15%～20%。低毒防效好的化学农药有抗枯宁(每 667 平方米用药 75 克)、80%代森锰锌可湿性粉剂(每 667 平方米用药 75 克)、30%百科乳油(双苯三唑醇)(每 667 平方米用药 40～50 毫升)、40%多菌灵胶悬剂(每 667 平方米用药 50 毫升)、40%甲基托布津胶悬剂(每 667 平方米用药 50 毫升)、75%百菌清可湿性粉剂(每 667 平方米用药 50 克)等。防治效果为 60%～70%,增产效果为 15%～20%。

3. **注意农药的复配使用**　以上介绍的几种农药单用的效果都不如混合使用的效果好。其中农抗 120 可与高脂膜或其他任何一种杀菌剂混合使用,其他几种杀菌剂之间也可两两混合使用。混合使用时,用药量减半(农抗 120 与高脂膜混用时剂量不减)。

4. **治病与"扶贫"(喷肥)相结合**　因为长势差、脱肥早衰的花生发病重,所以在用药防治时,每 667 平方米加 150 克磷酸二氢钾和 0.25 千克尿素一起喷施,可收到更好的防治效果。

5. 防治方法与防治次数　最好的防治方法是叶面喷雾。喷雾的用水量因喷药机械的不同而不同。弥雾机每 667 平方米加水 10 升,手压喷雾器加水 40～50 升。用弥雾机喷雾时,应先加一半水再加药,然后搅匀,方可喷施。如果先加药后加水,药会被水冲到喷管内,先喷出来的是药,浓度高,会将花生烧死;后喷出来的是水,没有防效。所以用弥雾机喷药时,配药的方法很重要。

花生网斑病的防治次数可根据发病的早晚和发病的程度确定。7 月中下旬至 8 月上中旬,如果干旱无雨、持续高温,网斑病发生轻、发病迟,8 月上旬防治 1 次即可;如果有降水过程,但不是连阴雨,在雨后 2 天内防治 1 次,隔 10 天再治 1 次;如果持续阴雨,应在雨后 2 天内防治 1 次,以后每隔 10 天 1 次,需连续防治 3 次。

第八节　花生锈病

一、分布与危害

花生锈病主要分布在广东、广西、福建、海南等东南沿海地区和苏北、山东、河南、河北、湖北、辽宁等地区。南方发病早,北方发病迟,南方发病程度重于北方。东南沿海地区发病最重。发病越早,损失越大。据测定,花期发病减产 50% 左右,下针期发病减产 40% 左右,结荚初中期发病减产 30% 左右,结荚末期发病减产 20% 左右,荚果成熟初中期发病减产 10%～15%。

二、症　状

花生锈病主要危害花生叶片,严重时也危害茎、叶柄、果柄和托叶。叶片受害,初在叶片背面产生针尖大小的淡黄色斑点,后扩大为淡红色、圆形突起斑,最后变红褐色而破裂,露出红褐色粉状夏孢子堆。叶片正面在病斑相对部位呈淡黄色褪绿小斑点。叶片正面很少产生夏孢子堆。植株下部叶片发病早,由下部叶片逐步向上部叶片发展。重病年份的重病田块,植株叶片全部枯死,像火烧一般。

三、病　原

早在1884年国外就有过花生锈病的报道,并将病原定名为担子菌亚门、冬孢纲、锈菌目、花生柄锈菌(*Puccinia arachidis* Speg.)。我国也沿用此名,但只见到夏孢子世代,尚未发现冬孢子世代。

病菌夏孢子圆形,大小为15.7~22微米×20~31.4微米,黄褐色,表面有细小的刺,中央有2个对称排列的发芽孔。夏孢子发芽的温度范围为16℃~26℃,以20℃为最适,超过26℃不利于发芽。夏孢子萌发需要水滴和氧,在湿度饱和或缺氧的情况下不能萌发。夏孢子萌发的适宜酸碱度为pH值6~7。据观察,夏孢子在适温、有水滴的条件下1小时就可萌发,12小时后就形成压力胞,再过3小时就可侵入花生叶片。病原除危害花生外,尚未发现其他寄主。

四、田间发病规律

在我国东南沿海地区,全年都可种植花生,花生锈病菌可以长年侵染花生。就是不种冬花生,也有春花生、夏花生和秋花生,秋花生收获后残留田间的荚果长出的稆生苗可以带菌过冬。另外,病菌还能以夏孢子在秋花生病株残体上越冬,都可作为下一年发病的侵染源。但在北方的花生产区,病菌是否可以越冬,还无定论。从田间发病时间和发病特点分析,很可能最初侵染源来自南方的夏孢子,借气流传播造成北方花生后期发病。

花生锈病在南方自花生苗期至收获前都可发生,但以中后期发病最重。北方花生产区只发生在花生生长的后期。一个地区初侵染发生后,病斑上产生的夏孢子便成为再侵染的菌源,只要环境适宜,就可导致病害的流行。

五、影响发病的因素

(一)菌源 有无菌源和菌源的多少是花生锈病能否发生与流行的关键因素。在南方花生产区,有冬花生或秋花生稆生苗,且发病较为普遍,菌源丰富,下一年春、夏花生生长期间的条件又比较适宜孢子的萌发,花生锈病就可能流行。南方花生发病早而重,就会借气流的传播为北方花生产区提供大量的菌源,导致北方花生锈病的流行。

(二)气候 在菌源丰富的情况下,温度和湿度(降雨和雾、露)是花生锈病流行的决定因素。南方夏季如果降水日多、降水量大,使气温下降到30℃以下,就会导致春、夏花生锈病的大发生;秋季湿度大及雾、露重,就会导致秋花生锈病的大发生。在北方花生产区,7月中下旬至8月上中旬雨日多,湿度大,锈病发生重。

(三)播期 春花生早播的、保护地栽培的发病轻,露地栽培的发病重。秋花生早播的发病重,晚播的发病轻。

(四)耕作制度与田间管理 一年四季种植花生的地方比

春、夏、秋三季种植花生的地区发病重,只种春花生和春、夏花生的地区发病相对较轻。偏施氮肥的田块、排水不良涝渍严重的田块以及播种密度大、宽畦通风不良的田块发病重。

(五)品种抗病性 目前我国尚未培育出免疫或高抗锈病的花生品种,但大面积推广的品种中可以筛选出发病轻或耐病性较强的品种。目前推广的鲁花系统和徐花系统的花生品种大都属于相对耐病的品种。

六、防治方法

(一)选育、推广抗病和耐病高产优质良种 其他作物锈病防治的实践证明,选用高产抗病品种是防治锈病的最根本的措施。各地应积极选育和筛选高抗或耐锈病的花生新品种;重病区在无抗病品种的情况下可以选用发病轻、耐病性较强的品种,并注意提纯复壮,防止其种性退化。

(二)农业防治

1. 改革耕作制度 在南方花生产区应根据当地自然条件和花生生长发育特性,合理安排花生的茬口布局,尽量避免春、夏、秋花生和春、夏、秋、冬花生并存的现象,以减少病害的传染源。

2. 清除和处理病株残体 目前的研究结果表明,花生锈病菌的初侵染源主要是夏孢子,并且主要在南方秋花生稻生苗和冬花生上越冬繁殖;病株残体上的夏孢子在自然条件下干燥暴晒后成活率很低。北方花生产区的锈病菌源主要来自南方花生产区。因此,清除南方花生产区秋花生稻生苗;春、夏、秋、冬花生收获后将病田的花生枝、叶及时运出田外,充分晒干,可以大大减少越冬菌源,从而减轻病害的发生。

3. 调整播期 根据各地实践,春花生适当早播,特别是地膜覆盖栽培的春花生,收获期比露地春花生提前 10~20 天,可以缩短中后期的发病时间,从而减轻发病程度。北方早春双膜覆盖栽培的菜用花生,收获早,无锈病发生。

4. 加强栽培管理 增施有机肥,注意氮、磷、钾肥搭配;开好丰产沟、腰沟、田头沟,确保雨过田干;推广高垄双行、竖畦横垄、大小行种植,改善花生田通风透光条件。

(三)药剂防治

1. 防治适期 病株率 15%~20% 的日期为防治适期。苏北、山东、河南、河北等北方花生产区,防治适期在 7 月中下旬至 8 月上旬、平均气温下降到 26℃~25℃ 时进行防治。此时也是花生叶斑病的防治适期,因此可以结合花生叶斑病一起防治。

2. 防治方法 用 20% 粉锈宁乳油 1 500 倍液,或 75% 百菌清可湿性粉剂 500~600 倍液,或 75% 敌锈钠可湿性粉剂 600 倍液,每 667 平方米 50 升叶面喷雾,10~15 天 1 次。收获前 20 天停止用药。北方花生产区一般防治 1 次即可。如果每 667 平方米加入尿素 250 克或磷酸二氢钾 150 克,与农药一起喷施,防病增产效果将更为显著。

第九节　花生烂种缺苗

在花生生产中每年都会出现烂种缺苗现象,轻的缺苗断垄,重的只好重新播种,不但多花人工,损失种子,而且耽误农时,影响花生的产量和效益。本节将花生生产中出现的各种烂种缺苗现象加以系统归纳,诊断烂种缺苗的原因,并提出相应的预防措施,以供参考。

一、花生烂种缺苗的原因

（一）花生种子质量差　　如果采用春花生，特别是地膜春花生留种，生命力弱，抗性差；花生起收时遇连阴雨天气，花生果未能及时晒干，发生霉变；在花生果贮藏过程中受潮变质以及剥壳过早、种子走油变质等因素都可使花生种子质量降低。播种质量差的花生种子容易造成花生烂种缺苗。

（二）播种过早　　春花生，特别是地膜或双膜春花生，每年都有因为播种过早而造成大面积烂种缺苗的现象。花生发芽的最低温度是 12℃～15℃，如果播种过早，会因温度低，满足不了花生发芽出苗的需要，致使发芽出苗的时间拉长，很容易造成烂种缺苗。出苗越慢、出苗的时间越长，烂种缺苗的现象越严重。

（三）施肥不当　　如播种时施肥量过大，特别是化肥用量过大，又集中施在播种沟内，肥料未与花生种分开，就会造成肥害烂种缺苗。

（四）浸种时间过长　　实践证明，浸过的花生种子播种后不再翻身，如果种子倒置，就很难出苗，容易造成烂种缺苗。浸过的花生种播种后遇到低温连阴雨，更易造成烂种缺苗。

（五）播种方法不科学

1. 播种过深　　在开沟播种时，若沟开得过深或沟底不平，播种深度在 6 厘米以上，容易造成烂种缺苗。

2. 种子倒置　　浸过的种子和催芽的种子，如果种倒了就会缺苗。

3. 播种时土壤水分不适宜　　播种时墒情差，播种后又长期干旱，使种子萌动后因吸不到水分而干死缺苗。或播种后连阴雨，种子长期处于低温高湿的环境中而烂种缺苗。

4. 播种时机选择不当或踩踏过实　雨后播种或造墒播种时踏得过实,使土壤板结,通气性差,种子无氧呼吸而烂种缺苗。即使能够发芽,也会因为顶不动板结的土块而死亡缺苗。

(六)整地质量差　耕作粗放,土块过大,容易压种和跑墒造成缺苗。

(七)虫鼠兽为害　蛴螬、金针虫等地下害虫以及老鼠、蚂蚁、野兽等为害也会造成缺苗。

(八)药剂拌种不当　用药量大、浓度高,易造成药害缺苗。

二、保证花生全苗的措施

(一)提高种子质量

1. 选用夏、秋花生留种　南方选用秋花生留种,北方选用夏花生留种,是花生全苗、壮苗、高产的重要措施。花生是自花受粉作物,年年用春花生留种,又做春种,长期在相同的条件下种植,容易造成种性退化而减产。并且春花生,特别是地膜春花生,生长期长,收获后贮藏的时间也长,种子生活力下降。而选用夏秋花生留种做春种,改变了花生的栽培条件,提高了花生的适应能力和抗逆性,并且夏秋花生生育期和收获后的贮藏期都短,种子质量好,表现生活力强,春播出苗率高,长势好,产量高。

2. 确保花生种不霉变　在花生种的收获季节,要做到晴天起收,及时晒干,防止霉变。在贮存期间,要经常晾晒,防止受潮变质。

3. 带壳晒种、适时剥壳　在播种前5~7天,带壳晒种1~2天后再行剥壳,不但可以杀死果壳上的病菌,而且可以降低种子的含水量,增强种子的活力,播种后出苗早,出苗齐,出苗率高,长势强,产量高。

4. 搞好四级选种 搞好花生的四级选种是防止花生品种退化、提纯复壮、增强花生种子活力、提高花生产量的重要措施。可于花生收获前,选择品种纯、长势好、病害轻的田块作留种田;收获时进行株选,将分枝多、节间短、结果多而集中、果大饱满的单株留种;将选好的单株进行果选,边摘边选,然后将选中的荚果集中晒干,单独存放;播种前结合剥壳再进行粒选,将小粒、破粒、破皮、变色、长有紫斑的籽粒全部剔除,选粒大饱满、皮色鲜艳的籽粒播种。

(二)提高整地质量

1. 深翻整细 花生属地下结果的作物,要求深厚、疏松、肥沃的土壤条件。因此,种植花生的田块必须提前深翻,精耙细整,达到深、平、细、松、软的标准。

2. 起垄种植 竖畦横起垄栽培花生,不但能增加土层,有利于抗旱保全苗,而且有利于清棵蹲苗、排涝降渍、加大昼夜温差、大幅度地提高花生产量。

3. 开好"三沟",保证雨过田干 即开好丰产沟、腰沟、田边沟,防止播种后遇雨涝渍。

(三)科学施用种肥 用作花生基肥的有机肥必须充分腐熟,氮肥选用尿素或硫铵。有机肥和氮肥作全层施肥,磷钾肥或花生专用种肥可施在播种沟内作种肥,但要和种子分开。

(四)提高播种质量

1. 搞好药剂拌种 为防止病虫蚁鼠兽等为害造成缺苗,必须搞好药剂拌种。用50%辛硫磷乳剂50毫升,40%多菌灵胶悬剂100毫升,加水3升,匀拌剥过壳的花生种50千克,拌后10~20分钟,水分吸干即可播种。

2. 适时播种　当 5 厘米地温稳定通过 17℃以上(平均气温 16℃以上)时,为露地春花生的播种适期。在苏北、山东、河南、河北的花生产区一般在 4 月下旬至 5 月上旬。地膜春花生可提前 10～15 天,双膜春花生可提前 30～40 天,夏秋花生的播期可根据茬口越早越好。

3. 播前不宜浸种　花生播种前不提倡浸种,要浸种必须催芽。即使是催过芽的花生,播种时也要芽向下或平放,防止倒种。

4. 适墒播种　干旱带水造墒,避免雨后烂种。实践证明,雨前带水造墒播种比大雨后播种产量高。

5. 掌握播种深度　常规露地播种的适宜深度为 3～5 厘米,造墒播种或适墒播种的可适当浅播。地膜覆盖栽培保墒性好,适宜的播种深度为 2～3 厘米。因地膜覆盖后不好清棵蹲苗,所以不能播得过深。

6. 合理覆土　一是先覆湿土,后覆干土;二是造墒播种或雨后播种时,覆土后不要压得太实。

7. 推广地膜覆盖　地膜覆盖可以保墒,提高地温,花生出苗快,出苗齐。

第十节　花生缺肥病

花生因为缺乏某种营养元素而表现出来的生长不良、旺长、植株矮小、黄化、叶片焦枯、叶片发白、结果减少、瘪果多、产量低等症状称为花生缺肥病,也叫花生缺素症。花生缺肥病是影响花生进一步提高单产的重要因素,尚未引起花生产区人们的高度重视。

一、花生对营养元素的要求及缺素症

(一)三大要素氮、磷、钾

1. 氮 氮在许多方面直接或间接地影响花生的生长发育。氮是花生体内蛋白质、叶绿素、多种酶、维生素等有机物的重要组成成分。适量的氮素能够促进花生生长、发棵(即氮素是管长株高、搭架子的),植株生长旺盛,结果多,荚果饱满,产量高。氮素的丰缺与叶片中的叶绿素的含量有密切关系,所以,我们可以根据花生叶面积的大小和叶片颜色的深浅来判断花生是否缺氮。氮素不足,花生生长缓慢,植株矮小,叶片薄而小,叶色淡绿甚至发黄,分枝少,最终导致脱肥早衰,荚果少,不饱满,产量低;氮素过多,茎叶过旺,疯长,倒伏,只长秧,不结果或结果很少,幼果多,不饱满,产量低。

2. 磷 磷参与蛋白质、脂肪、淀粉、糖以及各种有机物的合成与分解,能促进花生花芽分化,开花多,结果多,荚果饱满,含油量高,品质好,产量高(即磷素是管多结果、增产量、提高品质的)。充足的磷素可以促进花生多长根,多结根瘤,多固氮,起到以磷增氮的作用,提高花生吸收肥水、抗旱、抗寒的能力。磷肥不足,花生生长不良,植株矮小,叶色蓝绿,根系不发达,根瘤少,结荚少,饱果率和出仁率低,产量低。磷在花生体内可被重复再利用,新吸收的磷以及老叶中的磷常常向代谢作用旺盛的幼嫩器官集中,当再长出新的器官时,又向新的器官转移,可以反复利用多次。因此,花生吸收磷的时间越早,对花生的生长发育越有利。缺磷症状在植株下部老叶上表现最明显。

3. 钾 钾能促进花生体内代谢,加快有机物的合成。在氮磷的配合下,钾能使花生生长健壮,不倒伏(钾是壮作物筋骨的),并能提高花生幼苗的抗寒抗旱能力。钾素不足,花生叶片蓝绿色,有黄斑。严重缺钾时,叶片边缘焦枯,向下卷曲,植株严重倒伏。钾在花生体内的流动性很大,并且可以被充分地、重复地再利用。所以,植株缺钾的症状不会立即表现出来,并且下部叶片的症状比上部叶片早而明显。

(二)中量元素钙、镁、硫

1. 钙　钙对花生茎叶的生长不太明显,但对减少瘪果、提高饱果率、增加果重有明显的效果。钙还能中和土壤酸性,改变土壤酸碱度,改善土壤环境,促进花生生长。钙在植物体内易形成不溶性的钙盐沉淀被固定,是属于不能转移和再度利用的营养元素,因此缺钙症状常常在新生组织上表现最明显。花生缺钙时,根系生长不良,茎和根尖的分生组织受损,花生荚果不饱满,瘪果多,荚果出仁率低,剥开种仁,可以见到种子胚芽颜色变暗,甚至发黑。严重缺钙时,新生叶片卷曲,茎软下垂,叶柄脱落,植株黄化,顶梢死亡。

2. 镁　镁是叶绿素的成分,镁素充足,花生生长旺盛,产量高。镁在花生体内移动性较强,可向新生组织转移。幼嫩组织中含镁量高,缺镁时,可以迅速从植株下部老叶向上部嫩叶转移,下部叶片叶绿素减少,叶色失绿(缺氮也是首先从植株下部叶片失绿)发黄。它与缺氮失绿发黄的区别是:缺镁只是叶肉褪绿发黄,叶脉仍是绿色。镁还参与脂肪的代谢,促进维生素 A 和维生素 C 的形成,缺镁会使花生荚果的含油量和维生素减少,降低花生的品质。

3. 硫　硫是蛋白质的重要组成成分。所以,硫是花生等所有豆科作物不可缺少的重要营养元素。充足的硫可以提高花生蛋白质和脂肪的含量,是生产优质花生的重要条件。许多试验和生产实践证明,每 667 平方米花生田施用硫酸钙(石膏)20～30千克,增产效果可达20%左右。硫对叶绿素的形成有一定的影响,花生缺硫时叶绿素减少,叶色淡绿,同缺氮的症状相似。

(三)微量元素钼、硼

1. 钼　钼的重要作用是促进花生根瘤的形成,增加根瘤的数量,使花生多固氮。钼还能促进花生对磷素的吸收,防止花生叶片中叶绿素的老化,延长叶片的功能,使花生枝多叶茂,果多,果饱,增加产量。花生缺钼时植株矮小,生长缓慢,叶片失绿(类似缺氮),根瘤少而小,固氮能力减弱或不能固氮,果少,产量低。

2. 硼　硼的重要作用是促进花生体内光合作用产物的运输,对花生结果数、果重、品质影响很大。花生缺硼,破坏体内运输组织,叶片内合成的物质不能及时得到运输,滞留叶中,叶片变厚,叶柄变粗,影响新的组织形成和植株的生长发育,植株矮小呈丛生状。缺硼严重的,生长点会焦枯坏死、顶端叶片易脱落,茎部和根茎有明显的裂缝,新生叶片小而皱缩,根系不发达,须根少,根尖有坏死斑点,开花时间长,花量少,不结果或结少量瘪果,有壳无仁。

据科研单位分析,硼在花生叶、茎、根、荚果中的分配比例分别为 41.8%,23.8%,13.5%,13.4%,以叶片中含量最高,其次是茎秆。这与的硼运输功能有关。所以,叶面喷施硼肥增产效果明显。

二、花生的吸肥规律

(一)花生各生育期的吸肥规律　花生从种子萌发,到营养生长、生殖生长、荚果成熟,要经历苗期、开花下针期、结荚期和荚果成熟期 4 个不同的生育阶段,其中除出苗前后的种子营养阶段和后期根部停止吸收养分的阶段外,其他的生育期内都要通过根系从土壤中吸收养分。花生整个生育期所吸收营养元素的总量在苗期、开花下针期、结荚期、荚果成熟期的分配比例为:氮素分别为 6%,34%(晚熟花生)~ 58%(早熟花生),54%(晚熟花生)~24%(早熟花生)和 10%;磷素分别为 7%,21%(晚熟花生)~ 58%(早熟花生),65%(晚熟花生)~ 16%(早熟花生)和 13%;钾素分别为 10%,50%(晚熟花生)~ 75%(早熟花生),37%(晚熟花生)~ 12%(早熟花生)和 3%。花生对钙、镁、硫、钼、硼等养分的吸收规律同氮磷钾基本相似,也是两头小、中间大。

从以上比例可以看出,花生对营养元素的吸收高峰均在花生生长发育的中期,即开花下针期到结荚期,前期和后期所占的比例小。这是因为花生生长初期,个体小,干物质积累少,需要吸收的养分也就少;而在开花下针至结荚期,是花生整个生育期中生长最旺盛的时期,干物质积累量迅速增加,养分的吸收量和吸收强度也迅速提高;到了花生成熟阶段,干物质积累的速度减慢,茎叶中的养分也向荚果中转移,根部吸收养分的数量也就随之减少。

花生的苗期,对养分的吸收虽然在绝对量上并不多,但要求却非常迫切,不可缺少。特别是幼苗期(花生出苗后 10~20天),花生种仁内的养分被消耗完时,进入种子营养向土壤营养的转折期,即到了“断奶期”,此后花生就要通过根系开始从土壤中吸收养分。但花生幼苗期根系尚不发达,吸收养分的能力较差,如此时花生种附近的土层内缺乏养分,就会明显地表现出缺肥症状,直至后期花生产量也会受到严重影响。并且,此时缺肥造成的损失,即使以后补施也很难挽回。因此,施足基肥、带好种肥,满足花生苗期的养分需要,是花生高产的重要措施。

花生的后期,吸收的养分虽然也较少,但此时缺肥容易导致花生早衰,叶斑病发生严重,使花生的果重和出仁率降低。此时根系吸收养分的能力下降,不能进行土壤追肥,所以,叶面施肥是防止花生后期脱肥早衰,进一步提高花生产量的有效措施。

(二)花生对氮磷钾三要素的需要量　花生对氮、磷、钾的需要量,与花生品种、土壤养分条件、播期早晚、种植方式、气候、产量水平等因素有关。根据各地的试验结果,在每667平方米300～500千克的产量水平下,一般每生产100千克荚果,需纯氮(N)6千克,磷(P_2O_5)1千克,钾(K_2O)3千克。即氮∶磷∶钾=6∶1∶3。

三、怎样科学施肥预防花生缺肥病

(一)施肥量的确定　虽然每生产100千克荚果对氮、磷、钾的需要量分别为6,1,3千克,但从氮磷钾的来源以及土壤中的含量、吸收的难易程度分析,花生需要的氮有近一半是来自根瘤固定大气中的氮,另外一半来自土壤和肥料;磷在土壤中的含量较低,而且移动性差,易被土壤和其他物质固定,利用率低;钾素的活动性较强,土壤中的有效钾较丰富,施用钾肥的利用率高。所以,花生的施肥量应根据花生的产量水平和需肥量,本着氮素减半、磷素加倍、钾全量的原则确定。比如要想达到每667平方米500千克的产量水平,在不考虑土杂肥等有机肥的情况下,每667平方米需施用45%的花生专用复合肥50千克(氮磷钾的含量各15%)。如每667平方米施用有机肥1 000～2 000千克,可按施用量和表1,表2的有机肥养分含量计算养分总量,除去所施有机肥中含有的养分后,不足部分用花生专用复合肥或单一的化肥组合(尿素＋过磷酸钙或钙镁磷肥＋硫酸钾或氯化钾,也可用磷酸二铵＋硫酸钾或氯化钾)补足。除此之外,每 667 平方米加施硼肥(硼砂)0.5 千克,石膏粉(硫酸钙)15～20 千克。南方红黄壤地区每 667 平方米加施消石灰 25～30 千克,北方的黄河冲积土每 667 平方米加施硫酸亚铁 1.5～3 千克。

表 1　人、禽、畜粪及蚕沙的养分含量　(%)

种　类	人粪尿	猪圈粪	马粪	牛粪	羊粪	兔粪	鸡粪	鸭粪	鹅粪	蚕沙(风干)
氮(N)	0.65	0.45	0.50	0.40	0.83	1.53	1.63	1.10	0.55	2.27
磷(P_2O_5)	0.30	0.19	0.25	0.20	0.23	1.47	1.54	1.40	0.50	0.74
钾(K_2O)	0.25	0.60	0.40	0.10	0.67	0.21	0.85	0.62	0.95	2.82

表 2　常用土杂肥、泥肥、饼肥的养分含量　(%)

种类	高温堆肥	一般堆肥	沟泥	湖泥	河泥	塘泥	大豆饼	芝麻饼	花生饼	棉籽饼	菜籽饼
氮	1.05～2.00	0.4～0.50	0.44	0.40	0.29	0.20	7.00	5.80	6.32	3.41	4.60
磷	0.30～0.82	0.18～0.26	0.49	0.56	0.36	0.16	1.32	3.00	1.17	1.63	2.48
钾	0.47～2.53	0.45～0.70	0.56	1.83	1.82	1.00	2.13	1.30	1.34	0.97	1.40

(二)施肥方法　高产花生的要求是:前期早发,迅速搭好架子;中期稳长,防止疯秧;后期正常,防止脱肥早衰。根据各生育期的需肥规律、根瘤固氮的规律、各营养元素的利用规律以及花生属矮秆密植作物,中期追肥困难,地膜覆盖栽培更难追肥的特点,花生田施肥的原则应以有机肥为主,化肥为辅;基肥为主,辅以叶面喷肥;底肥不足时适当根部追施。

1. 深施、匀施基肥　2/3 的有机肥和一半的复合肥(或其他单一化肥的组合)在耕地前均匀撒施地面,翻入深土层中。

剩下的有机肥,复合肥(或其他化肥)以及硼肥、石膏或消石灰、硫酸亚铁,一起拌匀后,在花生播种时集中施在播种沟内,用作种肥。用作种肥的复合肥或化肥如超过每667平方米10～15千克,应点施在花生穴间,以防烧种。

2. 重视微肥拌种　可结合花生药剂拌种,每667平方米加2克钼酸铵、6～8克硼砂一起拌种。

3. 因地因苗巧追肥　基肥不足的花生,特别是麦套花生和夏花生,必须追肥。追肥量可根据基肥多少和花生的长势确定,一般每667平方米追腐熟的有机肥1 000千克,尿素4～5千克,过磷酸钙15～20千克,氯化钾或硫酸钾10～15千克,拌匀,在花生始花前结合培土迎针,撒于花生基部,然后培土。增产效果可达30%左右。

4. 在关键时期搞好叶面喷肥　每667平方米用50克硼砂,150克磷酸二氢钾,0.25千克尿素,加水50升,于花生开花下针期、饱果成熟期叶面喷施2～3次。

第二章　花生虫害防治

第一节　蛴　螬

　　蛴螬是金龟子幼虫的总称,别名叫大头虫、大牙、地狗子等,是为害花生荚果的重要害虫。解放后,花生田蛴螬的发生曾有过两次大的转折。一是20世纪50年代花生田蛴螬大发生,全国上下大力推广以666为主的有机氯类农药,进行药剂拌种和土壤处理,控制了蛴螬的为害。二是20世纪70年代至80年代初期,由于666等长效、高残毒的有机氯类农药被停止使用,蛴螬的发生量迅速回升,为害十分猖獗,黄淮海花生产区受害最重,颗粒无收的花生田块比比皆是。每平方米虫量最高达176头。真是"花生好吃虫难治,一筐花生一筐虫"。

　　通过调查分析,造成花生田蛴螬猖獗为害的原因主要有两个方面:一是生态环境改变,如林木的增多、水利条件的改善、小麦面积的扩大、冬闲田面积的减少及大面积使用土壤杀虫剂使土壤中的天敌减少等,都给花生田蛴螬的发生提供了适宜的生态条件。二是防治技术落后。主要的经验教训有3条:①对蛴螬的种类及分布情况不明,防治失策。②对蛴螬的发生规律及生物学习性认识不清,防治上抓不住要害。③防治方法不对路,措施不配套。重化学防治,轻综合防治;重花生田防治,轻其他虫源田防治。所以收效不大。为控制蛴螬为害,促进花生生产的发展,全国和各省纷纷成立了花生蛴螬防治协作组,使预测预报及综合防治技术得到了改进和完善,各地开展了轰轰烈烈的防治工作,再次控制了蛴螬的为害,使花生产量大幅度提高。但近年来,由于忽视了综合治理,蛴螬的发生量和为害程度又有明显的回升,一些地区又出现了颗粒无收的田块。因此,对蛴螬的防治不能放松。

由于蛴螬的种类繁多,不同蛴螬的地理分布、发生规律不同,加之同一种蛴螬在不同地区的发生时间不尽相同,以及在同一地区的同一田块往往又有几种蛴螬混合发生。因此,必须全面地掌握当地为害花生的蛴螬的种类、优势虫种、分布规律和为害的特点,才能有的放矢,达到长期有效地控制花生田蛴螬为害的目的。

一、为害花生的蛴螬的种类及分布

(一)种类及优势虫种 据资料记载,我国蛴螬的种类有一千多种,为害花生的有 40 多种。其中,大黑鳃金龟、暗黑鳃金龟、铜绿丽金龟为优势虫种,蒙古丽金龟、黄褐丽金龟、毛黄鳃金龟、黑绒金龟、阔胫绒金龟、阔胸犀金龟等为局部地区的优势种。现将江苏、山东、河南、河北四省为害花生的蛴螬种类及发生程度列于表 3。

(二)蛴螬优势种的分布特点

1. 暗黑鳃金龟 暗黑鳃金龟无论平原、丘陵,还是不同土质、茬口,除水田外均有分布。它在现有为害花生的蛴螬中,分布范围最广,种群密度最大,属广布性、常发性害虫。如果控制这一虫种的某一环节上有所疏忽,就可能给农作物造成灾害。因此,暗黑鳃金龟是为害花生的绝对优势虫种。

表3　江苏、山东、河南、河北四省为害花生的蛴螬的种类及发生情况

科名	中名	学名	发生情况（级）			
			江苏	河南	山东	河北
丽金龟科	四斑丽金龟	*Popillia quadriguttata* Fab.	Ⅱ	Ⅰ	Ⅱ	Ⅰ
	豆蓝丽金龟	*P. mutans* Newmann	Ⅰ	Ⅱ	Ⅰ	
	玻璃丽金龟	*P. atrocoerulea* Bates	Ⅰ	Ⅰ	Ⅰ	Ⅰ
	苹毛丽金龟	*Proagopertha lucidula* Fald.	Ⅰ	Ⅱ	Ⅰ	Ⅰ
	亮绿丽金龟	*Mimela splendens* Gyll.		Ⅰ	Ⅰ	
	黄闪丽金龟	*M. testaceoviridis* Blanch.		Ⅰ	Ⅰ	
	毛边异丽金龟	*Anomala heydeni* Faivaldszky	Ⅰ		Ⅰ	
	铜绿丽金龟	*A. corpulenta* Motsch.	Ⅲ	Ⅲ	Ⅲ	Ⅲ
	蒙古丽金龟	*A. mongolica* Fald.			Ⅲ	Ⅱ
	大绿丽金龟	*A. cupripes* Hope.	Ⅱ	Ⅰ	Ⅰ	
	拟异丽金龟	*A. smaragdina* Ohaus		Ⅰ	Ⅰ	
	泡桐丽金龟	*A. auligua* Gyll.			Ⅰ	
	棕黄丽金龟	*A. pleurimorgo* Reitter			Ⅰ	Ⅰ
	异色丽金龟	*A. luculenta* Er.	Ⅰ		Ⅰ	Ⅰ
	黄褐丽金龟	*A. exoleta* Fald.	Ⅰ	Ⅰ	Ⅰ	Ⅱ
	毛喙丽金龟	*A. hirsutus* Ohaus	Ⅰ	Ⅰ	Ⅰ	Ⅰ
	斑喙丽金龟	*Adoretus tenuimaculatue* Waterh.	Ⅰ	Ⅰ	Ⅰ	
	弓斑丽金龟	*Cyriopertha aracuata* Gebler	Ⅰ	Ⅰ	Ⅰ	
鳃金龟科	黑棕鳃金龟	*Apogonia cupreoviridis* Kolbe	Ⅰ	Ⅰ	Ⅰ	Ⅱ
	小黑棕鳃金龟	*A. chinensis* Moser	Ⅰ	Ⅰ	Ⅰ	Ⅱ
	马铃薯鳃金龟	*Amphimallon solstitialis* Linne				Ⅱ
	小毛棕鳃金龟	*Brahmina rubtra* Fald.		Ⅰ	Ⅱ	Ⅰ

续表 3

科名	中名	学名	发生情况(级)			
			江苏	河南	山东	河北
鳃金龟科	大毛棕鳃金龟	*B. potanini* Semenov			I	
	华北大黑鳃金龟	*Holotrichia oblita* Fald.	II	III	III	III
	远东大黑鳃金龟	*H. ernesti* Reitt				III
	东北大黑鳃金龟	*H. diomphalia* Bates				
	暗黑鳃金龟	*H. parallela* Motsch.	III	III	II	II
	棕色鳃金龟	*H. titanis* Reitter		I	III	II
	毛黄鳃金龟	*H. trichophora* Fairm.	II	I	I	I
	拟毛黄鳃金龟	*H. formosana* Moser	II	I	II	II
	灰粉鳃金龟	*Hoplosternus incanus* Motsch.		I		II
	豆黄鳃金龟	*Lasiopsis koltzei* Reitt	I	I	II	I
	小灰粉鳃金龟	*Melolontha frater* Arrow	I	I	I	I
	鲜黄鳃金龟	*Metabolus impressifrons* Fairm.		I	II	
	云斑鳃金龟	*Polyphylla laticollis* Lewis	I	I	I	I
	八字鳃金龟	*Tanyproctus davidis* Fairm.	I		I	
	小祖尾鳃金龟	*T. parvus* Chang	I		I	
	黑皱鳃金龟	*Trematodes tenebrioides* Pallas		I	I	I
绒金龟科	黑绒金龟	*Maladera orientalis* Motsch.	II	III	II	II
	阔胫绒金龟	*M. verticalis* Fairm.	II	III	I	I
	小阔胫绒金龟	*M. ovatula* Fairm.	I	I		I
犀金龟科	中华犀金龟	*Eophileurus chinesis* Fald.	I	I	I	I
	阔胸犀金龟	*Pentodon patruelis* Frivald.	I	I	I	III
	后胸犀金龟	*P. latifrons* Reitt	I	II	II	II

2. 大黑鳃金龟 大黑鳃金龟主要有 4 个近似种,即发生在华南地区的华南大黑鳃金龟,华北地区的华北大黑鳃金龟,东北地区的东北大黑鳃金龟和四川的四川大黑鳃金龟。无论哪种大黑鳃金龟,都分布在长期旱作区,且表现出明显的区域性,形成有名的老虫窝地带。种群密度大,为害重,使花生连年失收。

3. 铜绿丽金龟 铜绿丽金龟是为害花生的蛴螬中仅次于暗黑鳃金龟的第二大广布性害虫。除湖洼地区分布较少外,其他地区,包括水旱轮作区、平原、丘陵地都有分布,且表现为灯下比例大,农田比例小。

铜绿丽金龟虽属广布性害虫,但在种群分布上也表现出明显的区域性。主要分布在沿江、沿河两岸的砂壤土地带、黄土地带和丘陵岗地的岭沙土、青沙土和沙性白浆土、沙性包浆土地带。在这些地区,如植被复杂或是林果地带,则发生量更大。

(三)不同生态条件下的蛴螬优势虫种和分布特点 为害花生的蛴螬的重发区山东、江苏、河南、河北四省的蛴螬分布情况可划分为以下 5 大发生区:

1. 丘陵岗地发生区 这种地区大多土质瘠薄,植被复杂,为多种蛴螬混发区。优势虫种为华北大黑鳃金龟、暗黑鳃金龟和铜绿丽金龟。在植被贫乏的丘陵岗地,则以大黑鳃金龟为绝对优势虫种。如江苏的新沂市、东海县、赣榆县以及起伏平缓的山东丘陵区均属这一发生区。

2. 长期旱作平原区 这种地区多为壤土,土层深厚,土质肥沃,植被茂盛,是蛴螬的适生地。为害农田的蛴螬优势虫种主要是暗黑鳃金龟、铜绿丽金龟,其次是大黑鳃金龟。华北大平原的绝大部分地区属于本发生区。

3. 水旱轮作平原发生区 这种地区土层深而肥沃,土质多为壤土、粘土和水稻土;其水利条件好,旱涝保收,是稻麦主要产区,近年来花生种植面积也越来越大。因是水旱轮作,所以,农田蛴螬1年只发生1代,且成虫出土高峰在6月上中旬栽稻泡田前。优势虫种是暗黑鳃金龟、铜绿丽金龟。如苏北平原的大部分地区就属于这一发生区。

4. 沿江、沿河两岸的沙性土发生区 这种地区又分为两种类型:一是黄沙土发生区。这种地区土质沙性强,风沙大,水利条件差,蛴螬的主要虫种是阔胫绒金龟和黑绒金龟。如河南的宁陵县、兰考县、民权县等地阔胫绒金龟的发生量占蛴螬总发生量的70%以上。二是砂壤土及黄土发生区。这种地区果树、林木繁多,食料丰富,铜绿丽金龟是这种地区的优势虫种。如江苏的如皋市、泰兴市,铜绿丽金龟的发生量占蛴螬总发生量的60%以上;再如沂河、沭河两岸地区,铜绿丽金龟的发生量占蛴螬总发生量的70%以上。

5. 洼地、湖滨发生区 这种地区土质粘重,地下水位高,为害农田的蛴螬优势虫种是暗黑鳃金龟。其中部分地区,黄褐丽金龟和阔胸犀金龟为优势虫种。如江苏的洪泽湖滨,第一优势虫种是暗黑鳃金龟,其次是黄褐丽金龟。新沂市的沂东、沂北低洼地区,优势虫种只有暗黑鳃金龟。渤海湾地区的过水洼地,阔胸犀金龟是优势虫种。

二、优势种的形态特征及生物学特性

(一)暗黑鳃金龟

1. 形态特征

(1)成虫:体长18~22毫米,体宽9~11毫米。初羽化的成虫鞘翅乳白色、质软,羽化后2小时变微红色,羽化后4小时变红褐色,经 13 天左右鞘翅硬化变为黑褐色或黑色,极少数呈灰褐色或棕褐色等。体上被有蓝黑色或黑褐色绒毛,显得粗糙。整个身体呈蓝黑色或黑褐色,无光泽,故称暗黑鳃金龟。雌虫臀节腹面末端宽,呈三角形。雄虫臀节腹面末端窄,圆弧形。

(2)卵:暗黑鳃金龟的卵初产乳白色,长椭圆形,平均长 2.7 毫米,宽 1.7 毫米。产后 3～4 天吸水膨大呈近圆形,平均长 3.1 毫米,宽 2.3 毫米。产后 5～6 天,半透明,卵面出现淡褐色"八"字形上颚。

(3)幼虫:3 龄幼虫体长约 40 毫米,头宽 5～6 毫米。头部前顶刚毛每侧 1 根,位于冠缝旁。臀节腹面无刺毛列,只有钩毛,且钩毛排列较松散,钩毛区达到或超过臀节腹面的 1/2 处。肛门孔呈 3 裂状。

(4)蛹:为离蛹,体长 20～25 毫米,前胸背板最宽处位于侧缘中间。腹部背面具发音器 2 对。尾节三角形,二尾角呈锐角岔开。雄蛹外生殖器明显隆起。初化蛹乳白色,复眼灰白色,发音器上线不明显。化蛹后半天,体变黄白色,附肢淡黄褐色,发音器上线明显可见。化蛹后 1 天,附肢深黄褐色,腹背黄褐色,复眼灰褐色。化蛹后 3 天,复眼出现浅棕色眼点;6 天后眼点变棕色;10 天后复眼呈黑色。头胸红褐色。足深褐色。化蛹后 18～20 天,临羽化时,足及口器黑褐色,翅黄白色。

2. 生活史　暗黑鳃金龟在全国各地都是 1 年发生 1 代,除极少数以成虫或低龄幼虫越冬外,均以 3 龄老熟幼虫越冬,越冬深度在犁底层。成虫期 45～60 天,卵期 7～11 天,幼虫期 290 天左右,蛹期 20 天左右。

(1)成虫:暗黑鳃金龟成虫羽化后经 13 天左右的蛰伏期,如土壤湿度适宜即可出土。昼居土下,夜出活动。在苏、鲁、冀、豫、皖等地,雨水正常的年份,6月上旬出土始盛,6月中旬出土高峰,6月下旬出土盛末。于每天 19 时 30 分左右开始出土,19 时 50 分左右开始交尾,20 时是出土交尾高峰。交尾场所多在春玉米、灌木丛及其他低矮的植物上,也有的在田间草堆上、小草棚上进行交尾。交尾的方式初拥抱为背负式,交尾开始后呈直角式。平均交尾历时 8.4 分钟。交尾结束后雌雄双方便寻找寄主植物取食,20 时至 20 时 30 分是寻食上树高峰,此时活动最盛、趋光性最强。21 时以后进入暴食期,整夜取食,很少飞动,直到早上 4 时 30 分左右才飞走入土。实践证明,暗黑金龟子的出土高峰都在常年出土期内的第一次大雨后出现。如无大的降水,土壤干旱板结,则不能出土。

(2)卵:雨水正常年份,6月底至 7 月上旬为产卵高峰。卵分批散产于花生根际的土壤内。雌虫的产卵量因食料的种类不同而不同,一般为 40~90 粒,高的达 200 粒左右。产卵深度为 5~20 厘米(表 4)。卵的发育可分为 4 级(表 5)。据饲养观察,暗黑鳃金龟多在白天产卵,占 85.6%;夜间产卵只占14.4%。

表 4　暗黑鳃金龟产卵深度

地　点	不同深度的产卵比例　(%)					备　注
	0~5厘米	6~10厘米	11~15厘米	16~20厘米	20厘米以上	
新沂市	21.1	68.4	10.5	0	0	土层浅
赣榆县	8.2	16.4	27.8	45.4	2.2	土层深
淮阴市	6.9	15.6	35.1	40.8	1.6	土层深

表5　暗黑鳃金龟卵的分级

级　别	卵的外部特征	历　期（天）
Ⅰ	乳白色，椭圆形，未膨大	2～3
Ⅱ	吸水膨大，近圆形	1～2
Ⅲ	近圆形，半透明，有亮点	1.5～2.5
Ⅳ	近圆形，卵面可见"八"字形红褐色上颚	2.5～3

（3）幼虫：分3龄，龄期主要靠头宽来区别。各龄头宽和龄期见表6。正常年份，7月上旬末至7月中旬初为幼虫孵化高峰期，2龄高峰在7月下旬，3龄高峰在8月上中旬。因成虫产卵在花生根的周围，所以，幼虫孵化后就近取食花生的果针、荚果或幼根及主根的表皮。初孵幼虫活动能力弱，抗性差，死亡率高，是防治上的主攻环节。据调查，暗黑鳃金龟幼虫1龄末期开始为害，一直为害到10月上中旬。以3龄幼虫在犁底层做土室越冬，第二年不再上升为害。

暗黑鳃金龟幼虫为杂食性，喜食脂肪和蛋白质丰富的食物，食物营养越丰富，幼虫个体发育越大。据调查测定，食害不同作物的3龄幼虫的平均体重，为害花生的0.99克，为害大豆的0.83克，为害玉米的0.63克。

表6　暗黑鳃金龟幼虫的龄期和头宽

虫　龄	1　龄	2　龄	3　龄
头宽（毫米）	2	3	5～6
历期（天）	10～15	15～20	260

（4）蛹：暗黑鳃金龟的3龄幼虫在化蛹前先做蛹室，4月份进入预蛹期，4月底至5月初开始化蛹，5月上中旬为化蛹

高峰,5月下旬为羽化高峰。化蛹和羽化多在夜间进行,也有的在白天进行。夜间、白天上午、白天下午化蛹的各占56%,18.2%,25.8%;夜间、白天上午、白天下午羽化的比例各占45.5%,21.2%,32.3%。

暗黑鳃金龟的生活史及在土中的垂直分布详见图1。

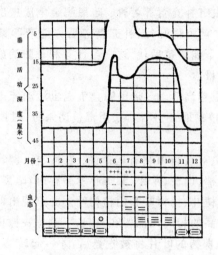

图1 暗黑鳃金龟生活史及垂直活动规律
"+"代表成虫 "·"代表卵 "—=≡"代表1,2,3龄幼虫
"⊙"代表蛹 "( )"代表越冬态

3. 生物学习性

(1)适应性强,分布广,虫源田多:暗黑鳃金龟蛴螬是农田蛴螬中分布最广、为害最重的优势虫种。如地形复杂、具有典型代表性的江苏省新沂市,全市划分为五个农业区,即沭西岗岭区、沭东岗岭区、沭河平原区、沂河平原区、沂东沂北洼地区。1984年秋收后普查,各区每667平方米暗黑鳃金龟蛴螬的残虫量分别为1 989头,2 000头,2 538头,2 749头,

2 467头,显然差异不大。由于暗黑鳃金龟具有广布性,所以,给持续控制这种虫害带来了困难。

(2)发生整齐:多年的研究结果证明,暗黑鳃金龟的化蛹、羽化、成虫出土、产卵、卵孵高峰以及各龄幼虫高峰都很明显而集中,有利于适期防治。

(3)成虫有补充营养习性:暗黑鳃金龟成虫出土后,需经15～20天取食植物叶片、补充营养后方能产卵繁殖,如果不补充营养则不能繁殖后代。这一习性有利于防治成虫,压低田间蛴螬发生量。

(4)成虫趋高活动:暗黑鳃金龟成虫活动能力很强,多趋1米以上的植物取食。所以,采用毒枝诱杀时,树枝高度应在1米以上。

(5)成虫对食料植物有选择性:在榆、杨、柳、枫杨、刺槐、法桐、泡桐、楝、山楂、苹果、梨等林木并存时,暗黑鳃金龟成虫特别喜食榆树叶、杨树叶和山楂树叶。并表现出群集、定向取食性。一样高的相同几棵树在一起,不是每一棵树都被取食,而是等某一棵树的叶片将被吃光后,才一起转移为害另一棵树。在插毒枝诱杀时也发现,如果在暗黑金龟子第一次出土日的晚上插放毒枝,则可收到显著的诱杀效果。如果出土高峰日的晚上不插放毒枝,而在以后插放毒枝,已经出土的暗黑金龟子则不上毒枝取食,而是飞向田边的林木上取食。

(6)趋光性:暗黑金龟子在雨水正常年份有两个扑灯高峰,一次在6月中旬,一次在7月上旬。每天晚上以20时至20时30分上灯量最大。此时正是寻食活动高峰(表7)。

(7)隔日出土和隔日产卵习性:无论是室内饲养、野外观察,还是灯光诱杀,暗黑金龟子均表现隔日出土,且受降水影响,出土日晚上降水,会使原来的双日(单日)出土改为单日

(双日)出土(表8)。因此,诱杀或捕捉暗黑金龟子应在出土日进行。

表7　暗黑金龟子扑灯规律的通夜观察　(头)

时间 (时:分)	20:00前	20:00~ 20:30	20:30~ 21:00	21:00~ 21:30	21:30~ 22:00	22:00~ 22:30	22:30~ 23:00	23:00~ 23:30
上灯	16	68	20	11	8	3	1	4

时间 (时:分)	23:30~ 24:00	24:00~ 0:30	0:30~ 1:00	1:00~ 1:30	1:30~ 2:00	2:00~ 2:30	2:30~ 3:00	3:00~ 3:30
上灯	2	0	2	0	2	0	1	0

表8　暗黑金龟子隔日出土习性观察　(头)

日期(日)	1	2	3	4	5	6	7	8	9	10	11	12	13	14	15	16	17	18
上灯量	1	8	4	5	2	19	1	63	0	0	79	0	143	0	70	0	124	1
室内出土	0	0	0	1	0	8	6	15	2	7	27	8	28	1	19	3	15	1
野外小树林内	0	2	0	4	0	10	0	37	0	0	98	0	41	0	36	0	28	0

注:6月10日下大雨,雨后变为单日出土　　　(江苏省新沂市6月1~18日)

暗黑金龟子不但隔日出土,而且隔日产卵(表9)。

表9　暗黑金龟子单双日产卵统计　(粒)

日期(日)	1	2	3	4	5	6	7	8	9	10
产卵量	1	61	0	37	0	56	1	26	0	74

(江苏省新沂市7月1~10日)

(8)成虫有假死性:暗黑金龟子在暴食期内(21时以后)有明显的假死性,振树即落,有利于人工捕捉。

(二)大黑鳃金龟　大黑鳃金龟的近似种很多,在我国有十多种,形态相似,很难区分。但在某一地区仍以一种大黑鳃金龟为主。如华北大黑鳃金龟、华南大黑鳃金龟、东北大黑鳃金龟和四川大黑鳃金龟等。

1. 形态特征

(1)成虫：华北大黑鳃金龟、华南大黑鳃金龟、东北大黑鳃金龟和四川大黑鳃金龟是我国大黑鳃金龟的主要近似种，其成虫的外部特征很相似。体长20毫米左右，体宽10毫米左右，体色大多黑褐色，也有的呈黑色或棕褐色。体表光滑、发亮（这是与暗黑鳃金龟成虫的明显不同处）。雌成虫腹部末端中央隆起，而雄成虫腹部末端中央有明显的三角形凹坑。

(2)卵：华北大黑鳃金龟的卵初产白色，长椭圆形，长2.5毫米，宽1.7毫米。3～4天后膨大近圆形，乳白色，半透明，长3毫米，宽2.5毫米。孵化前，圆球形，透明，卵面出现淡褐色"八"字形上颚。其他大黑鳃金龟的卵和华北大黑鳃金龟相似。

(3)幼虫：以上4种大黑鳃金龟幼虫的形态也基本相似。共分3龄，白色，有蓝黑色的背线。1～3龄头宽分别为1.7毫米、3毫米、5毫米左右，3龄幼虫体长40毫米左右。头部前顶刚毛每侧3根，其中冠缝旁每侧2根（暗黑鳃金龟幼虫是每侧1根）。臀节腹面无刺毛列，钩毛排列较松散，一般达到或超过臀节腹面的1/2。肛门孔呈3裂状。

(4)蛹：大黑鳃金龟的蛹和暗黑鳃金龟的蛹相似，可以根据两者的化蛹时间不一致加以鉴别。

2. 生活史　华南大黑鳃金龟在福建等地1年发生1代，以成虫越冬。华北大黑鳃金龟、东北大黑鳃金龟和四川大黑鳃金龟均是两年发生1代，成、幼虫交替越冬。现将发生在苏、鲁、冀、豫4个主要花生产区的华北大黑鳃金龟的生活史介绍如下：

(1)成虫：华北大黑鳃金龟的成虫于7～8月份羽化，羽化后当年不出土,以成虫越冬。下一年4月上中旬平均气温稳定在10℃时,越冬成虫开始出土。4月中下旬平均气温稳定在15℃时,进入出土盛期。4月下旬至5月上中旬,平均气温稳定在18℃~21℃时达出土高峰。白天潜伏土中,19时30分开始出土,20时是出土交尾高峰。交尾场所多在地面或杂草上,也有的在作物苗上或田边小树条上。交尾时,雌虫取食,雄虫不取食。22时30分左右交尾结束,历时2小时左右,时间长于暗黑金龟子和铜绿金龟子。大黑金龟子上半夜不停地取食,一般22时开始入土,翌日凌晨2时30分左右入土基本结束。在花生等春播作物田,土壤不板结,大黑金龟子的出土高峰受降水的影响小。但在三麦等越冬作物田中,如果长期不下雨,土壤板结,则大黑金龟子将推迟到雨后出土。所以,越冬作物田及非耕地里的大黑鳃金龟的发生期往往推迟。

(2)卵:5月下旬为华北大黑金龟子的产卵高峰,卵分批散产于花生根际的土壤中。1头雌虫一生可产卵70~150粒,产卵深度主要集中在5~17厘米的土层范围内。卵期15天左右。卵的发育和暗黑鳃金龟一样,也分为4级(表10,表11)。据观察,大黑金龟子多在夜间产卵。室内饲养30天的总产卵量为249粒,其中夜产160粒,占64.3%;白天产89粒,占35.7%。

(3)幼虫:大黑鳃金龟幼虫的长年孵化高峰期在6月上中旬,2龄幼虫高峰期在7月上中旬,3龄幼虫高峰期在8月上中旬。1~3龄幼虫的历期分别约为30天,30天,380天。初孵幼虫活动能力差,春花生开花下针中末期开始为害,一直为害到10月中下旬,当年以3龄幼虫越冬。翌年4月下旬至5月上旬,上升为害春花生等春播作物幼苗。所以,大黑鳃金龟是为害花生的蛴螬中为害最早、为害时间最长、为害性最大的种类,一旦严重发生,就会使花生大幅度减产,甚至绝产。同样,大豆、玉米、山芋等秋熟作物以及瓜果、蔬菜和秋播小麦等都会遭到严重危害。

表 10 华北大黑鳃金龟产卵深度

产卵深度 (厘米)	产卵量 (粒)	占总卵量 (%)
0~5	15	3.9
6~10	73	19.0
11~15	106	27.5
16~20	104	27.1
21~25	41	10.6
26 以下	46	11.9

表 11 华北大黑鳃金龟卵发育分级

分　级	外部特征	历期(天)
Ⅰ	初产卵,白色,长椭圆形,未膨大	4
Ⅱ	卵膨大,乳白色,近圆形	4
Ⅲ	近圆形,半透明,卵面出现亮点	3
Ⅳ	近圆形,透明,卵面可见"八"字形淡红褐色上颚	3

大黑鳃金龟幼虫的食性很杂,除为害所有的旱播农作物外,在杨树、柳树、槐树、枫杨树、榆树、果树、灌木丛林木的根部,各类林果苗圃的根部以及田边杂草的根部都有分布。

(4)蛹:越冬的大黑鳃金龟 3 龄幼虫于 4 月下旬至 5 月份上升为害春苗后,6 月份下移犁底层做土室进入预蛹期。多年的观察结果,华北大黑鳃金龟的化蛹进度不够整齐,一般 7

月份开始化蛹,8月份化蛹结束。蛹期18天左右,羽化后的成虫当年不出土,在蛹室内越冬。华北大黑鳃金龟的生活史及垂直分布见图2。

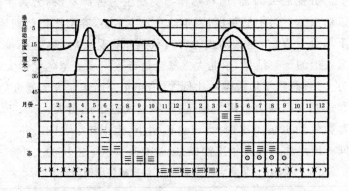

图2　华北大黑鳃金龟生活史及垂直活动规律
"·"代表卵　"＋"代表成虫　"—＝≡"代表1,2,3龄幼虫
"⊙"代表蛹　"（　）"代表越冬态

3. 生物学习性

(1)发生早,为害时间长:越冬成虫4月下旬至5月上旬出土为害春苗,6月上中旬幼虫大量孵化,6月下旬开始为害,比暗黑鳃金龟和铜绿丽金龟早发1个月。早发性往往使人们忽视防治,为害加重。大黑鳃金龟发生早,使为害期延长,一直为害到秋末,第二年春天仍可上升为害春苗。并且,在大黑鳃金龟、暗黑鳃金龟和铜绿丽金龟3种优势种中,只有大黑鳃金龟的成、幼虫同时为害花生。成虫为害花生叶片,幼虫为害荚果和幼苗。铜绿丽金龟和暗黑鳃金龟只幼虫为害花生的荚果。暗黑鳃金龟和铜绿丽金龟的幼虫只在当年为害,第二年不再上升为害。

（2）成、幼虫发生量表现出明显的大小年性：华北大黑鳃金龟是两年发生1代，成、幼虫交替越冬，以成虫越冬为主的年份，当年幼虫发生量大，春播作物苗期地下部分受害轻，地上部分受成虫为害重，秋熟作物受幼虫为害严重，称为大年；以幼虫越冬为主的年份，当年幼虫发生量小，春播作物苗期地下部分受害重（越冬幼虫为害），秋熟作物受害轻，称为小年。据各地的观察结果，东北大黑鳃金龟奇数年成虫越冬比例大，为大年；偶数年幼虫越冬比例大，为小年。而华北大黑鳃金龟和东北大黑鳃金龟则相反，偶数年成虫越冬比例大，为大年。奇数年幼虫越冬比例大，成虫比例小，为小年（表12），并且，同一田块如果在大年狠治成虫，就能改变这一田块的大小年。

表 12　华北大黑鳃金龟成、幼虫越冬比例调查

年　份	1981	1982	1983	1984	1985	1986	1987	1988
调查田块数	15	22	21	45	52	58	64	29
调查总虫量（头）	834	478	305	103	76	64	28	23
越冬成虫（头）	397	426	155	94	25	58	7	20
（%）	47.6	89.1	50.8	91.3	32.9	90.6	25	87
越冬幼虫（头）	437	52	150	9	51	6	21	3
（%）	52.4	10.9	49.2	8.7	67.1	9.4	75	13

（3）成虫活动能力差，具有明显的趋低性：华北大黑鳃金龟的成虫除少数雄虫上灯、上树外，所有的雌虫和绝大多数的雄虫都在田内爬行或短距离扑动，雌成虫的活动范围只在5米左右。在春作物田内和白荠地内很少有飞动，主要靠爬行作短距离扩散；在三麦、油菜等高秆作物田内，有少数飞动现象，但不高飞，只在作物间扑动。地头、路边可发现少数雄虫上树。大黑金龟子的趋低性给人工捉虫提供了方便。

(4)成虫出土至产卵时间长,需补充营养,有明显的趋食性:大黑金龟子出土后经20～25天取食补充营养才能产卵繁殖,给成虫防治提供了充足的时间。通过卵巢解剖,发现刚出土的大黑金龟子卵巢发育都是0级,通过不断取食、补充营养,卵巢才正常发育。因此,大黑金龟子出土后就取食杂草、为害春苗。但由于出土早,4月底之前,除设施栽培外,田间无食可取,致使大黑金龟子向田边爬行寻食,使田边虫量大于田内虫量。如江苏省新沂市1983年大黑金龟子测报点内共拾取大黑金龟子2 763头,其中田边2 672头,占96.7%,田内91头,占3.3%。当田内有苗有草时,田内的比例就会加大。所以,花生齐苗的田块,防治大黑金龟子需全田进行。

　　(5)分布上有明显的区域性和固定性:由于大黑金龟子活动能力差,具有明显的趋低性和趋食性,加之大多数农田的周围都有丰富的杂草可以取食,特别当春苗出土后,料食更充足。大黑金龟子雌虫一旦找到食料,就不再有大的移动,这样一来,就使大黑鳃金龟的分布呈现明显的区域性和固定性,在长期旱作区形成明显的老虫窝地带。这种区域性和固定性有利于集中开展防治。

　　　　　附:东北大黑鳃金龟、华南大黑鳃金龟
　　　　　　　　　生活史及发生规律

　　(1)东北大黑鳃金龟:东北大黑鳃金龟在东北各地除黑龙江省的部分地区3年发生1代外,其余都是2年完成1代。和华北大黑鳃金龟一样,也是以成、幼虫交替越冬。成虫期250天左右,卵期20天左右,1～3龄幼虫的历期分别为25.8天,26.4天和307天。蛹期20天左右。由于东北寒冷,冻土层深,所以,幼虫越冬深度达50～160厘米。

　　东北大黑鳃金龟幼虫于10月上旬后,10厘米日平均地温降到12℃以下时下移深土层越冬。翌年当10厘米地温稳定通过10℃时,越冬幼虫开始上升为害,10厘米地温稳定通过17℃,平均气温稳定通过

18℃时进入上升为害高峰期。时间一般在5月下旬至6月上中旬。6月下旬起开始化蛹,化蛹高峰在8月份,羽化高峰在8月下旬至9月上旬。羽化的成虫当年不出土,直到翌年5月中下旬日平均气温稳定通过12℃时开始出土,稳定通过17℃以上时进入出土活动高峰。晚上9时是出土、取食、交尾高峰。经20天取食补充营养后产卵繁殖,7月上中旬为产卵盛期,孵化盛期在7月中下旬。幼虫孵化后一直为害到10月上中旬,然后下移越冬。

(2)华南大黑鳃金龟:华南大黑鳃金龟分布在台湾、福建、江西、浙江等地。以成虫为害花生等植物叶片,以幼虫为害花生等旱作植物的地下部分。

华南大黑鳃金龟在福建每年发生1代,以成虫在地下越冬,无大小年现象。越冬成虫的出土盛期在3月下旬至4月中旬,产卵盛期在4月中旬至5月上旬,卵期20天左右,5月份幼虫大量孵化,一直为害到秋季,下移犁底层做蛹室化蛹。幼虫期150天左右,蛹期20天左右,成虫10月中下旬至11月上旬羽化,羽化后当年不出土,以成虫越冬。

(三)铜绿丽金龟

1. 形态特征

(1)成虫:体长18～21毫米,体宽10～11.3毫米(比大黑鳃金龟和暗黑鳃金龟成虫的体形略小)。头、前胸背板、小盾片和鞘翅铜绿色,发光。前胸背板前缘较直,最宽处位于两后角之间。鞘翅每侧有明显的4条纵隆线,肩部具疣突。前胸背板两侧缘及鞘翅的侧缘黄褐色,每一体节的侧缘有1个黑斑。雄虫腹面黄褐色,雌虫腹面黄白色。

(2)卵:初产卵乳白色,长椭圆形,平均长1.8毫米,宽1.5毫米。膨大卵近圆形,长2毫米,宽1.8毫米。孵化前,黄白色,卵面可见红褐色"八"字形上颚。

(3)幼虫:铜绿丽金龟的幼虫也分3龄。头淡黄色,体淡蓝绿色,化蛹前淡黄色。1～3龄幼虫的头宽分别为1.7～1.8

毫米、2.9～3毫米、4.9～5.1毫米,3龄体长30～33毫米。头部前顶刚毛每侧6～8根,成一纵列。臀节腹面有排列整齐、上下宽度一致的刺毛列,刺毛列由两列长针状刺毛彼此相遇或交叉组成,每列有刺毛12～19根。刺毛列的前端远远没有达到钩毛区的前缘。肛门孔为横缝状或横弧状。

(4)蛹:铜绿丽金龟初化蛹乳白色,复眼同体色;3～5天后蛹体淡黄色,复眼淡褐色;羽化前,头、胸、足红棕色,盾片绿色。铜绿丽金龟蛹的发育共分6级(表13)。

表13 铜绿丽金龟蛹的分级

级 别	历期(天)	形 态 特 征
I	1.0	蛹体乳白色,复眼同体色
II	2.0	蛹体淡黄色,复眼黄棕色
III	1.5	蛹体淡黄色,复眼棕色
IV	3.5	蛹体淡黄色,复眼棕黑色
V	2.6	头胸红棕色,复眼黑色,腹部黄白色
VI	2.0	头胸足红棕色,盾片呈绿色,腹部黄白色
合 计	12.6	

2. 生活史 铜绿丽金龟1年发生1代,以3龄幼虫越冬。成虫期25天左右,卵期9～10天,幼虫期320天左右,蛹期13天左右。

(1)成虫:铜绿丽金龟的成虫为铜绿金龟子,5月底至6月初为羽化高峰,羽化后6～8天即可出土。雨水正常年份,6月上旬为出土高峰,8月中旬终见。和暗黑金龟子一样,铜绿金龟子的出土高峰都在雨后出现。在出土期内,如果干旱少雨,土壤板结,则出土高峰推迟,幼虫为害期也同样推迟。铜绿金龟子 19 时开始出土,19 时 30 分为出土交尾高峰,交尾历时 30 分钟左右。20 时至 20 时 30 分是寻找寄主食物的高峰。铜绿金龟子的交尾场所和取食的寄主基本一致,多在小树、灌木上交尾取食。在树木少的地区,则以玉米叶片为食。20 时 30 分进入取食期,21 时进入暴食期,一直取食到第二天早上 4 时 30 分左右才飞走入土。

(2)卵:铜绿金龟子出土后经 10～12 天取食补充营养后即可产卵繁殖,6 月中下旬是产卵高峰,平均单雌产卵 42 粒。卵粒分批产于作物根际的土壤中,在花生田的产卵深度主要集中在 5～10 厘米的范围内。卵的发育分为 6 级(表 14)。

表 14 铜绿金龟子卵的发育过程及历期

发育分级	发育期	历期(天)	形 态 特 征
I	胚盘期	2.4	乳白色,长椭圆形
II	胚带期	2.0	水白色,长椭圆形
III	黄斑期	2.5	近圆形,半透明,见分节
IV	反转期	2.0	近圆形,透明,卵内幼虫反转,跗肢可见
V	红点期	1.0	卵内幼虫形成,跗肢清晰可见,卵面出现红色"八"字形上颚
VI	胚熟期	0.5	卵黄白色,红色上颚变为红褐色
合计		10.4	

(3)幼虫:雨水正常年份,铜绿丽金龟幼虫的孵化高峰在 6 月下旬至 7 月初,7 月下旬为 2 龄幼虫高峰,8 月上旬为 3 龄幼虫高峰,8 月份是幼虫为害高峰,一直为害到 10 月下旬,下移犁底层越冬。1～3 龄幼虫的历期分别为 21.6,25.2 和 280 天。铜绿丽金龟幼虫第二年一般不再上升为害,只有晚发

虫源,以 2 龄或 3 龄初幼虫越冬的个体,才于第二年 3 月下旬至 4 月上中旬上升为害花生等春播作物和小麦等越冬作物。

铜绿丽金龟幼虫的食性也很杂,除为害花生、大豆、山芋、玉米、三麦(小麦、大麦、元麦)、瓜果蔬菜、油菜、棉花、烟草等农作物外,还为害林果、花卉、灌木的根部。

(4)蛹:越冬的铜绿丽金龟 3 龄幼虫于 5 月上中旬开始化蛹,5 月中旬末至 5 月下旬为化蛹高峰。5 月底至 6 月初为羽化高峰,蛹期 12～13 天。铜绿丽金龟的化蛹及羽化的方式都是全裂式,即背部从头到尾裂开 1 条缝,然后脱出。

铜绿丽金龟的生活史及垂直活动规律见图 3。

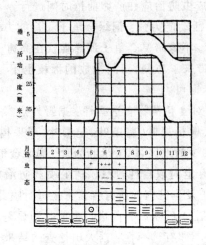

图 3 铜绿丽金龟生活史及垂直活动规律
"＋"代表成虫 "·"代表卵 "－＝≡"代表 1,2,3 龄幼虫,
"⊙"代表蛹 "( )"代表越冬态

3. 生物学习性

(1)有趋沙性土壤分布的特点:铜绿丽金龟虽然是仅次

于暗黑鳃金龟的第二大广布性地下害虫,但主要分布在丘陵岗地的沙性土壤(岭沙土、青沙土、包浆土、白浆土等)地带和平原地区的沙性土壤(砂壤土、黄土)地带。

(2)发生期整齐:铜绿丽金龟以 3 龄幼虫越冬。其成虫出土高峰、产卵高峰、各龄幼虫高峰以及化蛹高峰都很集中,这和暗黑鳃金龟相似。所不同的是,比暗黑鳃金龟的化蛹高峰迟,蛹期和蛰伏期短,成虫出土高峰比暗黑鳃金龟早 5～7 天。

(3)成虫有补充营养习性,产卵前期短:铜绿金龟子和大黑金龟子、暗黑金龟子一样,出土后必须取食植物叶片补充营养才能产卵繁殖。但成虫出土至产卵间隔时间较短,只有10～12 天,因此,成虫防治应在产卵前抢时间进行。

(4)成虫活动能力强:铜绿金龟子飞行能力强,但多趋小树、灌木取食。不像暗黑金龟子那样喜欢在高树上取食。这就给成虫防治带来了方便,田间插放的毒枝也不一定要超过 1 米,0.5～1 米即可。

(5)成虫对食料植物有选择性:据野外观察,铜绿金龟子喜食榆树叶、枫杨树叶、腊条叶、杞柳叶、苹果树叶等植物叶片。在林木稀少的地区,以玉米叶为食。铜绿金龟子不像暗黑金龟子那样有定向取食性,所以,树上喷药防治成虫时,就要对铜绿金龟子发生区内的所有喜食寄主进行喷药。如用毒枝诱杀,只要在出土后至产卵前进行都能收到显著效果。

(6)成虫产卵有选择性:据大田挖查的结果,铜绿金龟子喜欢在轻沙性土壤内产卵,且特别喜欢在轻沙土地带的果园地产卵为害。就农作物而言,则喜欢在玉米和高粱地产卵为害,其次是大豆和山芋田。花生田的发生量少,为害轻。

(7)成虫的趋光性很强:从各地的灯诱资料分析,铜绿金龟子的上灯量都比暗黑金龟子多,但田间调查的虫口密度总的来讲不如暗黑鳃金龟大,说明铜绿金龟子的趋光性强(表15)。

表15　蛴螬优势种灯下成虫比例与大田幼虫比例对照　(%)

地　点	暗黑鳃金龟		铜绿丽金龟		大黑鳃金龟	
	灯下成虫	田间幼虫	灯下成虫	田间幼虫	灯下成虫	田间幼虫
江苏赣榆	25.5	55.6	70.3	17.0	0.9	17.0
江苏东海	61.4	47.9	37.9	7.9	0.8	17.1
江苏新沂	38.0	51.1	43.8	26.6	1.1	21.5
江苏淮阴	38.2	28.4	31.4	10.1	0.1	0.2
江苏涟水	46.6	66.4	41.7	2.8	1.8	1.0
江苏泗洪	75.1	74.9	21.4	11.2	—	2.0
江苏泰州	13.1	14.7	85.1	69.1	—	0.2
江苏如皋	32.9	40.8	59.9	39.4	—	—
山东新泰	4.2	55.2	91.5	3.6	4.3	39.9

铜绿金龟子的扑灯时间与暗黑金龟子相似,以20时~20时30分扑灯量最大。其中17时30分~20时30分、20时30分~21时30分、21时30分~22时30分、22时30分~23时30分、23时30分~0时30分、0时30分~1时30分、1时30分~2时30分、2时30分~4时上灯的虫量分别占当夜上灯总虫量的50.6%,13%,10.1%,8.2%,6.5%,4.2%,2.7%,4.7%。

(8)成虫有假死性:铜绿金龟子和暗黑金龟子一样,在暴食期内有明显的假死性,振树即落,加之铜绿金龟子多在小树和灌木上取食,所以,对开展人工捕捉十分有利。

（四）大黑鳃金龟、暗黑鳃金龟和铜绿丽金龟3种蛴螬的田间识别方法

第一，看体色。铜绿丽金龟蛴螬为淡蓝绿色，多皱褶；大黑鳃金龟蛴螬为白色，体背中央有1条明显的蓝黑色背线；暗黑鳃金龟蛴螬为黄白色，不具以上两种的特点。

第二，看肛门孔和刺毛列。铜绿丽金龟蛴螬的肛门孔为横弧状，臀节腹面有宽度一致的刺毛列；大黑鳃金龟和暗黑鳃金龟蛴螬的肛门孔呈3裂状，臀节腹面无刺毛列。

第三，看头部冠缝两侧刚毛。一边1根是暗黑鳃金龟，一边2根是大黑鳃金龟。

三、影响蛴螬发生的因素

（一）发生消长与生态因素的关系

1. 耕作制度与种群分布及发生量的关系　　二年三熟的长期旱作地区，土质大多瘠薄，耕作条件差，作物种类多为油料、杂粮、小麦及经济作物，有利于大黑鳃金龟的发生与繁殖，发生量大，为害重，形成明显的老虫窝地带。冬闲田面积的减少和免耕技术的大面积推广，使土壤耕作的次数减少，为蛴螬的生存提供了优越的生态条件，如不注意防治，这类地区的大黑鳃金龟和暗黑鳃金龟的发生将会加重。

一年两熟旱作区，由于土壤耕翻的次数多，农作物的种类以粮食、蔬菜等作物为主，不利于2年发生1代的大黑鳃金龟的生存，所以，大黑鳃金龟的发生量少，为害轻。但由于这类地区林木繁多，土层大多深厚，土壤有机质较为丰富，有利于1年发生1代的暗黑鳃金龟和铜绿丽金龟的生存与繁殖，所以，暗黑鳃金龟的发生量最大，其次是铜绿丽金龟。不过，近年来，部分地区大力推广免耕技术，使大黑鳃金龟的密度有所回升。

一年两熟水旱轮作区，2年1代的大黑鳃金龟难以生存，6月上中旬泡田上水栽种水稻，也能淹死部分暗黑鳃金龟。所以，水旱轮作的大部分地区，以铜绿丽金龟的发生量最大，其次是暗黑鳃金龟。在湖洼地区，地下水位高，土壤湿度大，不利于铜绿丽金龟的生存，优势虫种是暗黑鳃金龟，部分地区还有黄褐丽金龟。

水旱轮作区由于旱田面积少，蛴螬分布集中，所以加重了旱作物的受害程度。近年来，部分水旱轮作区水稻面积减少，有水回旱的趋势，使暗黑鳃金龟的发生量上升。

2. 农田林网化与蛴螬发生量的关系　农田林网化为暗黑鳃金龟和铜绿丽金龟等金龟子提供了丰富的食料，有利于金龟子产卵繁殖。

3. 不同作物类型与蛴螬发生量的关系　年度间的作物布局不尽一致，当有利于蛴螬生存的作物面积扩大时，蛴螬发生量就会增加。据各地普查的结果，花生田的蛴螬发生量最大，其次是大豆田和山芋田，玉米和高粱地发生量较小。就虫种而言，大黑鳃金龟蛴螬在花生田和大豆田发生量最大，暗黑鳃金龟蛴螬在各种旱作物田的发生量都较大，但以花生地密度最高，其次是大豆和山芋。铜绿丽金龟蛴螬在玉米和高粱地发生量最大，其次是山芋和大豆地（表16）。

表16　不同作物田蛴螬优势种的比例　（%）

蛴螬虫种	花　生	山　芋	玉　米	大　豆
暗黑鳃金龟	57.9	43.1	20.1	43.5
铜绿丽金龟	10.2	32.4	46.0	17.1
大黑鳃金龟	28.9	17.8	19.0	27.2

（江苏省新沂市，1984）

4. 不同土壤类型与蛴螬发生量的关系　蛴螬生活在地

下,其种群分布和发生消长与土壤理化性状有密切关系。据调查,金龟子喜欢在通透性较好的土壤中产卵繁殖,粘质土壤和水稻土的发生量少。如地处南北过渡地带、土质复杂的江苏省新沂市。丘陵地区有岭沙土、中砾石土、紫沙土、青沙土、白浆土、包浆土、岗黑土7个土种,其中青沙土、紫沙土和中砾石土的蛴螬发生量最大,其次是白浆土、岭沙土、包浆土,岗黑土的发生量较低。沿河的平原地区,有黄沙土、砂壤土、黄土、粘土和水稻土5个土种,其中砂壤土和黄土的蛴螬发生量大,其次是黄沙土,而粘土和水稻土发生量很小。

(二)发生消长与气候因素的关系

1. 温度对金龟子和蛴螬发生期的影响

(1)温度对金龟子出土进度的影响:大黑金龟子的出土进度与温度的关系密切。当4月上中旬平均气温升达10℃以上、5厘米地温升达15℃左右时,大黑金龟子开始出土,平均气温10℃以下不出土;当4月中下旬平均气温升达15℃～16℃、5厘米地温升达17℃～18℃时,大黑金龟子进入出土盛期;4月下旬至5月上旬平均气温升达17℃～20℃、5厘米地温升达18℃～21℃时,大黑金龟子进入出土活动高峰(表17)。铜绿金龟子出土的适宜温度为20℃～25℃,暗黑金龟子出土的适宜温度为22℃～25℃。

(2)金龟子扑灯量与气温的关系:据观察,晚上8时的气温在21℃以上是暗黑金龟子扑灯的适宜温度,21℃以下扑灯量显著减少,23℃以上大量扑灯。如江苏省泗洪县1982～1984年的资料分析,灯下每晚扑灯量在200头以上的有60次,其中晚上8时气温在21℃～23℃的只有4次,占6.6%;而气温在23℃以上时有56次,占93.4%(表18)。

表 17　华北大黑金龟子出土与温度的关系

年度	始 见				始 盛				高 峰			
	日期 (月/日)	出土量 (头)	平均 气温 (℃)	5厘米 地温 (℃)	日期 (月/日)	出土量 (头)	平均 气温 (℃)	5厘米 地温 (℃)	日期 (月/日)	出土量 (头)	平均 气温 (℃)	5厘米 地温 (℃)
1982	4/12	2	14.5	16.4	4/25	30	14.4	17.4	4/28	50	17.2	18.6
1983	4/6	5	18.9	17.7	4/22	253	17.2	18.2	4/24	560	19.3	20.8
1984	4/14	2	16.7	17.2	4/22	13	15.8	18.0	5/7	153	19.7	20.7
1986	4/8	2	15.1	16.7	4/17	21	15.6	17.3	4/27	42	15.3	17.8
1987	4/16	2	11.9	14.5	4/20	11	15.5	18.3	4/23	30	17.4	20.2
1988	4/12	1	15.9	15.8	4/16	9	15.6	16.5	4/26	14	17.8	17.9

表 18　晚上 8 时气温与暗黑金龟子扑灯量的关系

年度	晚上 8 时气温 (℃)	扑灯高峰日出现次数					合计
		200～300 (头)	300～500 (头)	500～700 (头)	700～1000 (头)	1000 以上 (头)	
1982	23 以上	7	6	5	3	1	22
	21～23	0	0	0	0	0	0
1983	23 以上	1	3	2	3	5	14
	21～23	0	1	0	1	0	2
1984	23 以上	2	4	1	3	10	20
	21～23	0	0	1	1	0	2
合计	23 以上	10	13	8	9	16	56
	21～23	0	1	1	2	0	4

　　江苏省新沂市 1982～1991 年,10 年 20 瓦黑光灯下的暗黑金龟子和铜绿金龟子扑灯资料表明,暗黑金龟子扑灯虫量在 100 头以上的高峰日次数为 49 次,日平均气温为 25℃。铜绿金龟子扑灯虫量在 100～250 头的高峰日为 70 次,日平均气温为 24℃,扑灯虫量在 300 头以上的高峰日 5 次,日平均气温为 25℃。

　　(3)蛴螬在土中垂直活动与温度的关系:当 4 月中下旬至 5 月上旬,10 厘米地温稳定在 17℃以上、平均气温稳定在 18℃以上时,越冬的大黑鳃金龟蛴螬上升到土表为害春作物的种苗或取食杂草和越冬作物的幼根。据江苏省新沂市观察,春花生齐苗后 2～3 天就出现大黑鳃金龟蛴螬为害造成的死苗,齐苗后 1 周进入为害和死苗高峰。10 月中下旬以后,10 厘米地温下降到 15℃以下时,各种蛴螬开始下移,10℃以下停止为害。在苏北、鲁南地区,10 月中旬以前播种的小麦都可能受到蛴螬的为害(表 19)。

表 19　秋播小麦受蛴螬为害死苗进度与温度的关系

项　目	日　　期(月/日)								合计
	10/7	10/10	10/12	10/14	10/16	10/20	10/22	10/27	
大黑鳃金龟蛴螬为害死苗数(株)	10	11	8	10	21	19	6	0	85
暗黑鳃金龟蛴螬为害死苗数(株)	45	27	23	15	12	3	0	0	125
无虫对照死苗数(株)	0	0	0	0	0	0	0	0	0
平均气温(℃)	18.1	13.8	12.5	17.4	16.8	12.2	10.5	11.7	
5 厘米地温(℃)	19.9	17.8	16.5	18.1	18.5	14.1	12.6	11.9	
10 厘米地温(℃)	19.6	18.3	16.7	18.0	18.5	14.7	13.4	12.4	

注:大黑鳃金龟和暗黑鳃金龟两种蛴螬的接虫量均为 15 头

2. 降水及土壤湿度对金龟子及蛴螬发生期及发生量的影响　金龟子的幼虫蛴螬是地下害虫,降水量的大小及土壤湿度的高低影响金龟子的出土和蛴螬的成活。在金龟子的出土期内,如少雨干旱,土壤板结,则会推迟金龟子的出土日期。除春播作物田的大黑金龟子的出土基本不受降水的影响外,暗黑金龟子、铜绿金龟子和小麦等越冬作物田的大黑金龟子受降水和土壤湿度的影响最大,出土高峰都在出土期内的第一次透雨后出现。金龟子的出土期推迟,蛴螬的发生期也就随着推迟。如江苏省新沂市 1983 年的资料记载,由于 4~5 月份长期无雨干旱,致使麦田内的大黑金龟子的出土高峰一直推迟到 6 月 10 日的大雨后(降水量 60 毫米)才出现,比春播田内的大黑金龟子的出土高峰推迟 40 天,大黑鳃金龟蛴螬的发生期也推迟 40 天,结果和暗黑鳃金龟蛴螬的发生期一致。所以,防治时应考虑金龟子的出土与土壤湿度及降水的关系。

降水不但影响金龟子的发生期,而且影响蛴螬的发生量。据试验,初孵化的蛴螬在土壤水分饱和的情况下,6小时死亡率20%,12小时死亡率50%,24小时死亡率85%。江苏省新沂市城岗乡,1983年7月18～24日降水505.6毫米,7月29日调查,花生田蛴螬密度比雨前下降69%。

在土壤水分饱和的情况下,金龟子的卵能正常孵化,但初孵化的蛴螬死亡率高。因此,在7月中下旬,蛴螬处于1～2龄盛期时,如降水集中,降水量大,土壤水分饱和时间长,则蛴螬的死亡率高,为害就轻。

(三)蛴螬为害与花生生育期的关系　在山东、江苏、安徽、河南、河北几个花生主要产区,露地春花生多在4月下旬至5月上旬播种,6月上中旬开花下针,6月下旬至7月上旬进入结荚期,7月下旬至8月上旬进入荚果成熟期,9月中旬收获。地膜春花生的播种期多在4月中旬,4月底齐苗,5月中下旬至6月上旬开花下针,6月中旬进入结荚期,7月中旬进入荚果成熟期,8月中下旬即可收获。双膜栽培菜用花生,多在3月中旬播种,3月下旬至4月上旬齐苗,4月下旬至5月上旬开花下针,6月中下旬采收作菜用销售。夏花生6月上中旬播种,7月上中旬开花下针,7月中下旬进入结荚期,9月下旬至10月上旬收获。

大黑金龟子出土高峰时,露地春花生正值播种期,尚未出苗,大黑金龟子出土后只好寻食杂草或取食越冬作物叶片。而地膜春花生和双膜菜用花生已经出苗,大黑金龟子出土后就地取食花生叶片。大黑鳃金龟蛴螬开始为害时,正值露地春花生下针期,地膜花生进入结荚期,双膜菜用花生已经收获,夏花生进入团棵期。所以,双膜菜用花生受害最轻,地膜春花生、露地春花生和夏花生受害都重。

暗黑鳃金龟蛴螬和铜绿丽金龟蛴螬开始为害时,露地春花生进入结荚期,地膜花生进入荚果成熟期,双膜花生早已收获,夏花生正值开花下针期。因此,夏花生和露地春花生受暗黑鳃金龟蛴螬和铜绿丽金龟蛴螬为害的时间长、为害重。地膜花生进入成熟期,不利于蛴螬的为害,受害时间短,受害轻。双膜花生不受其害。

四、调查取样方法、预测预报及防治指标

通过多年的研究攻关,掌握了华北大黑鳃金龟、暗黑鳃金龟、铜绿丽金龟的中期和短期预报技术,补充和完善了农田蛴螬的系统测报办法;通过分布型的挖查,提出了农田蛴螬的调查取样方法;又进行了多次的蛴螬为害损失率测定,制定了防治指标,并经多年实践验证,切实可行。

(一)蛴螬为害损失率的测定及防治指标

1. 损失率测定

(1)大黑鳃金龟蛴螬为害的损失率测定:在花生每 667 平方米产 150 千克的水平下,收获期每平方米有大黑鳃金龟蛴螬 1 头,损失花生 4.1 千克,损失率为 2.82%。回归方程为:

$$Y = 291.58 - 8.21X, r = -0.934^{**}$$

式中 Y 表示花生产量(千克/667 米²),X 表示收获期大黑鳃金龟蛴螬残虫量(头/米²),r 为相关系数,−0.934** 说明花生产量与虫量的关系呈极显著的负相关关系。

如按卵孵盛末期至花生收获期大黑鳃金龟蛴螬成活率 50% 计算,则等于卵孵盛末期每平方米有大黑鳃金龟蛴螬 2 头,花生损失率为 2.82%。

(2)暗黑鳃金龟蛴螬为害的损失率测定:据笔者测定的结果,暗黑鳃金龟蛴螬卵孵盛末期的接虫量(X)与花生产量

的损失率 Y 呈极显著的正相关关系,r＝0.9968＊＊,代表产量
227.5 千克。回归方程为:

$$Y = 1.2669X - 2.1263$$

即每平方米有虫 2.5 头,花生产量损失率为 1％;每平方
米有虫 3.3 头,花生损失率为 2％;每平方米有虫 4 头,可造
成 3％的损失(表 20)。

表 20   暗黑鳃金龟卵孵盛末期虫量与花生损失率的关系

接虫量 X	损失率 Y	X^2	XY	Y^2
4	2.8	16	11.2	7.84
6	5.0	36	30	25
8	7.8	64	62.4	60.84
10	11.4	100	114	129.96
12	13.6	144	163.2	184.96
15	16.8	225	252	282.24
18	20.2	324	363.6	408.04
合计	77.6	909	996.4	1098.88

回归方程 $Y = 1.2669X - 2.1263$ r＝0.9968＊＊

注:“X”表示卵孵盛末期的虫量(头/米²),“Y”表示花生产量损失率(％),“r”
为相关系数

如用花生收获期的残虫量进行分析,结果是:每平方米有
残虫 1.5 头,1.8 头,2.1 头;花生产量损失率分别为 1％,
2％,3％(表 21)。

实验总接虫量为 73 头,实际残虫量为 33 头,成活率为
45％。如按残虫量和存活率折算成接虫量来推算花生产量损
失率,则每平方米接虫 4.7 头,花生损失率 3％。

2. 蛴螬的食量与产量损失   蛴螬为害花生的损失取决

于蛴螬的食量。多年多点的测定结果表明,大黑鳃金龟、暗黑鳃金龟、铜绿丽金龟3种蛴螬一生损失的花生荚果数分别为5.26个、3.57个和1.59个。以中果型花生0.5千克果数360个计算,3种蛴螬一生分别损失花生7.31克,4.96克和2.21克。3种蛴螬的自然存活率分别为50%,45%和53.4%。按此推算,卵孵盛末期有1头大黑鳃金龟蛴螬(卵),可损失荚果2.63个,3.66克;有1头暗黑鳃金龟蛴螬(卵),可损失花生1.61个,2.23克;有1头铜绿丽金龟蛴螬(卵),可损失花生0.85个,1.18克。

表 21 花生收获期暗黑鳃金龟蛴螬残虫量与花生损失率的关系

残虫量 X	损失率 Y	X^2	XY	Y^2
2.0	2.8	4.0	5.60	7.84
3.0	5.0	9.0	15.00	25
3.8	7.8	14.44	29.64	60.84
4.8	11.4	23.04	54.72	129.96
5.5	13.6	30.25	74.80	184.96
6.8	16.8	46.24	114.24	282.24
8.0	20.2	64.00	161.60	408.04
合计	77.6	190.97	455.6	1098.88

回归方程　$Y = 2.9777X - 3.335$　　　　$r = 0.9979 **$

注:"X"表示花生收获期暗黑鳃金龟蛴螬残虫量(头/米²),"Y"表示花生产量损失率(%),"r"为相关系数

　　3. 不同蛴螬密度及不同花生产量与损失率的关系　不同的蛴螬密度在不同的花生产量水平下的产量损失不同。现根据大黑鳃金龟、暗黑鳃金龟、铜绿丽金龟3种蛴螬一生损失的花生荚果数及卵孵盛末期蛴螬(卵)的不同密度,来推算不同产量水平下的花生损失率(表22,表23,表24)。

表 22　大黑鳃金龟蛴螬卵孵盛末期不同虫量的花生损失率

虫量 （头/ 667 米²）	不同产量下的花生损失率　（%）						
	150 （千克/ 667 米²）	175 （千克/ 667 米²）	200 （千克/ 667 米²）	225 （千克/ 667 米²）	250 （千克/ 667 米²）	300 （千克/ 667 米²）	350 （千克/ 667 米²）
1000	2.44	2.09	1.83	1.62	1.46	1.22	1.04
1500	3.65	3.13	2.74	2.44	2.19	1.83	1.57
2000	4.87	4.17	3.65	3.25	2.92	2.44	2.09
2500	6.09	5.22	4.57	4.06	3.65	3.04	2.61
3000	7.31	6.26	5.48	4.87	4.38	3.65	3.13
3500	8.52	7.31	6.39	5.68	5.11	4.26	3.65
4000	9.74	8.35	7.31	6.49	5.84	4.87	4.17
4500	10.96	9.39	8.22	7.31	6.58	5.48	4.70
5000	12.18	10.44	9.13	8.12	7.31	6.09	5.22
6000	14.61	12.52	10.96	9.74	8.77	7.31	6.26
7000	17.05	14.61	12.78	11.36	10.23	8.52	7.31
8000	19.48	16.70	14.61	12.99	11.69	9.74	8.35

表 23　暗黑鳃金龟蛴螬卵孵盛末期不同虫量的花生损失率

虫量 （头/ 667 米²）	不同产量下的花生损失率　（%）						
	150 （千克/ 667 米²）	175 （千克/ 667 米²）	200 （千克/ 667 米²）	225 （千克/ 667 米²）	250 （千克/ 667 米²）	300 （千克/ 667 米²）	350 （千克/ 667 米²）
1000	1.49	1.27	1.12	0.99	0.89	0.74	0.64
1500	2.23	1.91	1.67	1.49	1.34	1.12	0.96
2000	2.97	2.55	2.23	1.98	1.78	1.49	1.27
2500	3.72	3.19	2.79	2.48	2.23	1.86	1.59
3000	4.46	3.82	3.35	2.97	2.68	2.23	1.91
3500	5.20	4.46	3.90	3.47	3.12	2.60	2.23
4000	5.95	5.10	4.46	3.96	3.57	2.97	2.55
4500	6.69	5.73	5.02	4.46	4.01	3.35	2.87
5000	7.43	6.37	5.58	4.96	4.46	3.72	3.19
6000	8.92	7.65	6.69	5.95	5.35	4.46	3.82
7000	10.41	8.92	7.81	6.94	6.24	5.20	4.46
8000	11.89	10.19	8.92	7.93	7.14	5.95	5.10

表 24 铜绿丽金龟蛴螬卵孵盛末期不同虫量的花生损失率

虫量（头/667 米²）	不同产量下的花生损失率 （%）						
	150（千克/667 米²）	175（千克/667 米²）	200（千克/667 米²）	225（千克/667 米²）	250（千克/667 米²）	300（千克/667 米²）	350（千克/667 米²）
1500	1.18	1.01	0.89	0.79	0.71	0.59	0.51
2000	1.57	1.35	1.18	1.05	0.94	0.79	0.67
2500	1.97	1.69	1.48	1.31	1.18	0.98	0.84
3000	2.36	2.02	1.77	1.57	1.42	1.18	1.01
3500	2.75	2.36	2.07	1.84	1.65	1.38	1.18
4000	3.15	2.70	2.36	2.10	1.89	1.57	1.35
4500	3.54	3.03	2.66	2.36	2.12	1.77	1.52
5000	3.93	3.37	2.95	2.62	2.36	1.97	1.69
6000	4.72	4.05	3.54	3.15	2.83	2.36	2.02
7000	5.51	4.72	4.13	3.67	3.30	2.75	2.36

4. 防治成本、花生产量与允许损失 害虫防治的经济阈限是防治成本与收益比为 1：1 时所允许的损失率。根据当前花生荚果的单价 2 元/千克计算,花生产量、防治成本与允许损失之间的关系见表 25。

5. 防治指标 根据防治试验的结果,花生田蛴螬的防治适期为卵孵盛末期。因此,花生田蛴螬的防治指标应是防治后挽回的损失与防治成本相等时所对应的卵孵盛末期的虫口密度。又因为防治指标受防治成本(防治方法、农药种类)、产量水平的影响,所以 ,防治指标是一个动态的指标。

目前防治蛴螬的理想农药有 50% 辛硫磷和 40% 异柳磷,每 667 平方米用量为 250 毫升,防治成本为 6～12 元/667 米²。现分别以允许损失率 2%,3%,4% 为标准计算不同产量水平下的卵孵盛末期的蛴螬防治指标列于表 26,表 27,表28。

表 25 不同防治成本、不同花生产量所允许的损失率 （%）

| 花生产量 | 不同防治成本 （元/667 米²） | | | | | | |
(千克/667 米²)	6	7	8	9	10	11	12
150	2.00	2.33	2.67	3.00	3.33	3.67	4.00
175	1.71	2.00	2.29	2.57	2.86	3.14	3.43
200	1.50	1.75	2.00	2.25	2.50	2.75	3.00
225	1.33	1.56	1.78	2.00	2.22	2.44	2.67
250	1.20	1.40	1.60	1.80	2.00	2.20	2.40
300	1.00	1.17	1.33	1.50	1.67	1.83	2.00
350	0.86	1.00	1.14	1.29	1.43	1.57	1.71
400	0.75	0.88	1.00	1.13	1.25	1.38	1.50

表 26 大黑鳃金龟蛴螬卵孵盛末期防治指标 （头/667 米²）

花生产量水平 (千克/667 米²)	175	200	225	250	300	350
损失 2% 的防治指标	1000	1100	1200	1400	1600	2000
损失 3% 的防治指标	1400	1600	1800	2000	2500	2900
损失 4% 的防治指标	2000	2200	2500	2700	3300	3800

表 27 暗黑鳃金龟蛴螬卵孵盛末期防治指标 （头/667 米²）

花生产量水平 (千克/667 米²)	175	200	225	250	300	350
损失 2% 的防治指标	1600	1800	2000	2200	2700	3000
损失 3% 的防治指标	2400	2700	3000	3400	4000	4700
损失 4% 的防治指标	3000	3600	4000	4500	5400	6300

表 28　铜绿丽金龟蛴螬卵孵盛末期防治指标　（头/667 米²）

花生产量水平 （千克/667 米²）	175	200	225	250	300	350
损失 2%的防治指标	3000	3400	3800	4200	5100	5900
损失 3%的防治指标	4400	5100	5700	6400	7600	8900
损失 4%的防治指标	5900	6800	7600	8500	10000	12000

防治指标的应用:只要了解当地的花生产量水平和防治成本,就可根据表 26,表 27,表 28 来确定当地 3 种蛴螬的防治指标。比如,某地花生每 667 平方米产量水平为 250 千克,用 50%辛硫磷乳剂防治 1 次的成本为 10 元,花生荚果的价格为 2 元/千克,10 元的防治成本相当于 5 千克的花生,5 千克的花生为 250 千克产量的 2%。也就是说,在 250 千克产量、10 元防治成本的情况下,允许损失率为 2%,对照表 26,表 27,表 28,损失率为 2%、花生产量为 250 千克所对应的大黑鳃金龟、暗黑鳃金龟和铜绿丽金龟蛴螬卵孵盛末期的防治指标分别为 1 400 头,2 200 头和 4 200 头。

（二）蛴螬的田间分布型及调查取样方法

1. 蛴螬的田间分布型　通过多种方法的测定,蛴螬的田间分布型,无论是不同的土质、不同的作物,还是不同的虫种,除少数虫口密度小于每平方米 0.5 头的田块呈随机分布外,都属于负二项分布,即聚集分布。因此,对蛴螬的挖查,只需考虑恰当的时间,不必考虑虫种、土质、茬口、环境等因素。对于多虫种的混发田块,可以优势虫种为对象进行调查。

2. 调查取样方法　在小样点连片挖查的基础上,分别以 0.11 平方米、0.22 平方米、0.66 平方米和 1 平方米为一个抽样单位,进行理论抽样数的分析,结果表明:在同一精度下,把取样面积从 1 平方米缩小到 0.22 平方米,虽然样点数增加 2 倍,但总的挖查面积可减少 1/3,这在蛴螬密度调查中尽量减少调查损失是很有实用意义的。见表 29。

表 29 0.22 平方米内蛴螬虫量与取样数间的关系

0.22 米² 虫量(头)	取样数
≥2	10
≥1〈2	10～20
≥0.5〈1	20～30
≥0.25〈0.5	40～60
〈0.25	≥60

在蛴螬的调查中,随着虫口密度的下降,要想保持同一精度,就得增加取样点数。虫口密度(头/0.22 米²)与取样数之间的关系可用曲线方程表示:

$$Y(取样数) = 39.19 e^{-0.45X} (X 为虫口密度)$$

在实际调查中,每块田的取样数可采用分级调查确定法。即,取样单位为 0.22 平方米,先调查 10 个样点,根据这 10 个样点的平均虫量来进一步确定取样数。当每点虫量小于 2 头、大于或等于 1 头时,再增加 10 个样点;当每点虫量小于 1 头时,则需增加 20 个样点。因为 0.22 平方米虫量在 0.5 头以下(1 500 头/667 米² 以下)时一般不需防治,所以最大取样数不超过 30 个。

通过多年来的田间调查实践,花生生长期调查蛴螬密度可采用半穴扒查法。即,以花生穴为单位,用小树棒或螺丝刀等工具,每穴花生扒查半穴(以主根为界),深度到结果层以下,查后将果针和荚果重新埋入土下。根据虫口密度的大小,每次调查 30～50 个半穴,折算成每穴虫量,再根据花生的密度推算蛴螬的虫口密度。这种方法在调查中对花生的生长影响小,损失少。

利用小样方连片调查的资料进行平行线、棋盘式、"Z"字形、对角线 4 种方法的取样测验,结果以"Z"字形取样法为最好。

(三)预测预报技术

1. 华北大黑鳃金龟的预测预报

(1)查虫口基数,预报发生程度:秋熟作物收获后,挖查田间大黑鳃金龟成幼虫的残虫量,每个田块"Z"字形挖查 10 点,每点挖查 1 平方米,挖到当地正常越冬深度以下 10 厘米。当成虫比例大时,下一年则为大年,每 667 平方米有成虫 100 头左右,将中等发生;200 头以上将是大发生年份。如幼虫比例大,下一年则为小年,每 667 平方米有幼虫 500 头左右,花生将缺苗 1 成左右。

(2)根据天气预报预测大黑金龟子的发生期:当 4 月上中旬平均气温稳定通过 10℃以上、5 厘米地温稳定升达 15℃左右时,大黑金龟子开始出土;4 月中下旬平均气温稳定在 15℃～16℃、5 厘米地温升达 17℃～18℃时,进入出土盛期;4 月下旬至 5 月上中旬平均气温和 5 厘米地温升达 18℃～21℃时进入出土高峰期。

(3)成虫防治适期的预报:定主要虫源田,查成虫出土进度,验证实际出土高峰期,确定成虫防治适期。方法是:4 月上中旬平均气温稳定在 14℃～15℃时,在大黑金龟子老虫窝田划定田边 60 平方米作观察点,也可设养虫圃作观察点,每天晚上 9 时左右记数点内出土的雌雄大黑金龟子数,当雌虫比例逐渐增加,雌雄比接近 1∶1 时为成虫出土高峰,即成虫防治适期。见表30。

表 30 大黑金龟子出土进度与性比的关系

性比	4 月			5 月			6 月
	上旬	中旬	下旬	上旬	中旬	下旬	上旬
雌	0	1	34	370	90	6	1
雄	0	11	100	231	55	4	2
合计	0	12	134	601	145	10	3

（江苏省新沂市,1984）

(4)幼虫防治适期的预报：凡是成虫防治不彻底或漏治的田块必须注意防治幼虫。幼虫防治适期的计算公式为：

幼虫防治适期＝成虫出土高峰期＋产卵前期20～25天＋卵历期14天

(5)根据物候预报大黑鳃金龟成、幼虫的发生期及防治适期：当刺槐开花、柳树飘絮时,大黑金龟子进入出土盛期,即成虫防治适期；露地春花生的盛花期,大黑鳃金龟幼虫进入孵化盛期,即幼虫防治适期。

2. 暗黑鳃金龟和铜绿丽金龟的预测预报

(1)预测预报依据：

第一,暗黑鳃金龟和铜绿丽金龟的发育进度较整齐,特别是化蛹高峰和羽化高峰很集中,出土高峰也很整齐。如在理论出土高峰内土壤湿度适宜,土壤不板结,成虫则会如期出土。如干旱板结,透雨后的第二天晚上便是出土高峰。因此,使用预测式时应结合6月上中旬的天气预报,以便及时指导防治。

第二,一般年份,暗黑金龟子和铜绿金龟子有两次扑灯高峰。铜绿金龟子的第一扑灯高峰在6月上中旬,第二高峰在6月中下旬。暗黑金龟子的第一扑灯高峰在6月中下旬,第二高峰在6月下旬至7月上旬。通过野外寄主观察和灯诱卵巢解剖,证明灯下第一高峰与野外寄主上的两种金龟子的出土取食高峰是相吻合的,并且第一扑灯高峰雌虫的卵巢发育大都是0级,而第二扑灯高峰内的0级虫很少。说明暗黑金龟子和铜绿金龟子的第一扑灯高峰期是出土高峰期。

(2)预测预报方法:

第一,根据化蛹进度预测发生期(中期预报)。4月中旬于大田或观察圃中挖取暗黑鳃金龟和铜绿丽金龟幼虫各50~100头,放入饭盒中人造的蛹室内,观察化蛹进度。也可直接设观察圃,将上一年秋季各作物田内挖回的3龄幼虫埋于观察圃中,从4月中旬起,2~3天调查1次化蛹进度,每次调查的虫数不低于30头。利用化蛹高峰期和各虫态历期(表31)预报成虫出土高峰期(成虫防治适期)和幼虫孵化高峰期(幼虫防治适期)。

表31　暗黑鳃金龟、铜绿丽金龟各虫态历期　(天)

虫　种	蛹历期	蛰伏期	产卵前期	卵历期
暗黑鳃金龟	18±1	13±1	20±1	8±1
铜绿丽金龟	13±1	9±1	11±1	9±1

成虫理论出土高峰期和幼虫孵化高峰期的计算公式为:

成虫理论出土高峰期=化蛹高峰期+蛹历期+成虫蛰伏期

幼虫孵化高峰期=成虫出土高峰期+产卵前期+卵历期

第二,根据降水情况和灯光诱集确定成虫实际出土高峰期,验证成虫和幼虫的实际防治适期。

暗黑金龟子和铜绿金龟子的实际出土高峰期都在预报的出土高峰期内的透雨后出现。如在预报的出土高峰期前有大的降水过程,出土高峰期内的土壤湿度适宜、不板结,暗黑金龟子和铜绿金龟子即可在预报的日期内准时出土。如在预报的出土高峰期内一直干旱少雨、土壤板结,暗黑金龟子和铜绿金龟子的出土高峰就会推迟到大雨后出现。

第三,卵巢发育指数法预报幼虫防治适期(短期预报)。为了减少中期预报的误差以及气候因素的影响,采用卵巢发育指数法预报大田幼虫防治适期较为准确。一般的专业测报站可以采用这种方法。

具体方法是:从铜绿金龟子和暗黑金龟子出土高峰日起,解剖雌虫的卵巢发育进度,2～3 天解剖 1 次,每次解剖 30 头雌虫,可见卵巢发育共分 6 级:

0 级　卵巢小而透明,互相粘连,见不到卵粒;体内脂肪多,呈白色。

Ⅰ级　卵巢开始发育,小管内可见不成熟的卵;脂肪体多,呈白色。

Ⅱ级　卵巢长大,可见少数成熟卵,大多不成熟,卵粒排列紧密。

Ⅲ级　输卵管膨大,卵巢内卵粒大多成熟,并开始出现空段;脂肪体较少,白片状。为产卵初期。

Ⅳ级　卵巢小管内空段明显,卵粒较少;脂肪体少,白色片状。为产卵高峰期。

Ⅴ级　脂肪体很少,变为黑白色或黑色;卵巢萎缩,卵粒少见。为产卵末期。

卵巢发育指数的计算公式为:

$$卵巢发育指数 = \frac{\Sigma(级数 \times 各级虫数)}{总虫数 \times 最高级数 Ⅴ}$$

卵巢发育指数与金龟子产卵进度的关系为:卵巢发育指数达 0.3 左右为金龟子产卵始盛期,0.5 左右为产卵高峰期,

0.7左右为产卵盛末期,0.9以上为产卵末期。

预报公式为:

卵孵始盛期＝卵巢发育指数达 0.3 的日期＋卵历期

卵孵高峰期＝卵巢发育指数达 0.5 的日期＋卵历期

卵孵盛末期＝卵巢发育指数达 0.7 的日期＋卵历期

大田幼虫防治适期＝卵巢发育指数达 0.5～0.7 的日期＋卵历期

验证:江苏省新沂市 1983 年 7 月 9～11 日,于晚上从野外寄主上捉回雌虫,放在饭盒内饲养,每盒 1 头,逐日观察产卵情况,产卵后立即解剖,鉴定卵巢发育级别。饲养和解剖结果表明,产卵虫当中,Ⅲ级虫比例占 16％,Ⅳ级虫比例占 64％,Ⅴ级虫比例占 20％。Ⅲ～Ⅴ级虫的产卵量分别占总产卵量的 22％,50％和 28％。说明,Ⅲ级虫开始产卵,Ⅳ级虫大量产卵。见表 32。

表 32　暗黑金龟子产卵成虫的卵巢发育级别

卵巢级别	虫　数		产卵数	
	头	％	粒	％
Ⅲ	4	16	17	22.4
Ⅳ	16	64	38	50.0
Ⅴ	5	20	21	27.6
合　计	25		76	

五、综合防治技术

对花生蛴螬的防治,应以持续控制田间虫口密度及无残毒为目标,坚持成虫防治与幼虫防治相结合、化学防治与其他防治相结合、播期防治与生长期防治相结合、花生田防治与其他虫源田防治相结合,因地因虫,采取综合防治措施,把蛴螬为害控制在允许损失的水平以下。

(一)大力开展农业防治,恶化蛴螬的发生环境

1. 有条件的地方推广水旱轮作 水旱轮作,推广稻茬花生,可以根治 2 年发生 1 代的大黑鳃金龟,并且对暗黑鳃金龟和铜绿丽金龟的控制效果也可达 70% 左右。如江苏省新沂市 1983～1984 年的普查结果,36 块稻茬花生,有蛴螬的田块只有 15 块,有虫田平均虫口密度为 586 头/667 米^2,比旱茬花生的 4115 头/667 米^{2}下降 85.8%。再如江苏省泗洪县棉花原种场,水旱轮作前的 1982～1983 年,暗黑金龟子的上灯量分别为 7560 头/667 米^{2}和 9598 头/667 米^2,花生田蛴螬密度分别为 4400 头/667 米^{2}和 17600 头/667 米^2。1984 年将 66.7 公顷花生、大豆等旱田轮作水稻,灯下暗黑金龟子全年虫量 2173 头/667 米^2,田间蛴螬密度一般在 800 头/667 米^{2}左右,最高的也只有 3740 头/667 米^2,无论是灯下虫量,还是大田虫量,都比水旱轮作前大幅度下降。稻茬花生比旱茬花生一般每 667 平方米增产 50～75 千克。因此,有条件的地方推广水旱轮作,种植稻茬花生,不但可以控制蛴螬的为害,而且也是一项高产的栽培措施。

2. 人工灭虫 结合花生、山芋的复收进行人工灭虫,可使田间蛴螬减少 50% 左右;结合土地耕翻,犁后捡虫,可使蛴螬减少 30% 左右;在少树、小树地区,可在暗黑金龟子和铜绿金龟子的出土高峰期至开始产卵前,于晚上 9 时后,利用金龟子的假死习性,晃动树木,使在树上取食的金龟子落地,集中消灭或带回喂鸡,根据暗黑金龟子的隔日出土习性,每 2 晚进行 1 次,对压低田间蛴螬密度有一定作用;在大黑金龟子的出土盛期内,于晚上 9 时左右持灯下田,将田内、田边出土的大

黑金龟子捡回喂鸡,3～5 天 1 次,连续 3～4 次,对田间大黑鳃金龟蛴螬的控制效果高达 90％以上。在大黑鳃金龟蛴螬发生区,花生田不需用药,完全可以通过晚上捡虫法来控制大黑鳃金龟蛴螬的为害。

3. 推广地膜和双膜花生 大黑金龟子出土时,双膜栽培的菜用花生和地膜栽培的春花生已经出苗,大黑金龟子就地取食花生叶片,可以集中喷药防治。大黑鳃金龟、暗黑鳃金龟、铜绿丽金龟蛴螬开始为害时,双膜花生已经收获,不受其害;地膜春花生在大黑鳃金龟蛴螬开始为害时已经进入结荚期,暗黑鳃金龟、铜绿丽金龟蛴螬开始为害时已经进入饱果成熟期,并于 8 月中下旬提前收获,对大黑鳃金龟蛴螬有一定的避害作用,对暗黑鳃金龟和铜绿丽金龟蛴螬则有很好的避虫作用。

(二)合理使用化学农药,充分发挥化防在综防中的作用

1. 防治成虫压基数

(1)大黑金龟子成虫的防治:由于大黑金龟子的活动能力差,且出土高峰整齐,利于集中防治。而大黑鳃金龟蛴螬,由于发生为害时间早,又生活在地下,在防治适期内大多干旱少雨,不利于开展防治。所以,在大黑金龟子发生区,应以成虫防治为主,不提倡防治幼虫。经实践证明,单一防治成虫完全可以控制大黑鳃金龟蛴螬的发生。同一田块,连续防治 2～3 年成虫,就可达到持续、长期控制的目的。具体防治方法是:

第一,双膜和地膜花生。于花生出苗后选用高效、长效的低毒农药,如 5％高效大功臣可湿性粉剂每 667 平方米 15克,加水 20 升,叶面喷药防治 1 次即可控制为害,还可兼治花生蚜虫和花生病毒病。

第二,麦套花生和麦茬夏花生。麦套花生和麦茬夏花生

田,可在大黑金龟子出土高峰期,结合防治麦田蚜虫兼治大黑金龟子,控制大黑鳃金龟蛴螬的为害。因为大黑金龟子的防治适期正是小麦中后期病虫防治总体战的适期,完全可以兼治,不需单独防治。每 667 平方米用 25%快杀灵乳剂 25～40 毫升或 30%蚜克灵(抗蚜威＋乙酰甲胺磷)可湿性粉剂 20～30克,加水 30～40 升,叶面喷雾。

第三,露地春花生。露地春花生田大黑金龟子的防治,在人力允许的情况下,采用前面介绍的人工捡虫法完全能够控制大黑鳃金龟蛴螬的为害。如不搞人工捡虫,可置放毒叶、毒草或插放毒枝,也可完全控制蛴螬的为害。在 4～5 月份长期干旱无雨的情况下,小麦、大麦、油菜等越冬作物田大黑金龟子的出土高峰期会推迟到越冬作物收获后,下茬作物播种时或大雨后才出现,这类田块大黑金龟子的防治也可参照露地春花生田的方法进行。

利用毒叶、毒草和毒枝诱杀大黑金龟子,控制大黑鳃金龟蛴螬为害的方法,每人每晚可防治 1.34 公顷地,方法简单易行,防治速度快,防治成本低,适合对各种春田大黑金龟子的全面防治,能保证防治质量。每 667 平方米防治成本只有0.1～0.15 元,对蛴螬的防治效果高达 90%～99%,并且田内不用药,避免了残毒和污染,对提高粮油品质、保护天敌、维护生态平衡有重要意义。为了提高诱杀效果,必须掌握以下技术要点:①选用高效农药及最佳使用浓度。40%氧化乐果、50%甲胺磷、50%胺敌磷、40%久效磷、40%乐果等的诱杀效果都很好,使用浓度以 500～600 倍液为宜。②选用大黑金龟子喜食的树枝、树叶或杂草。用常见的枫杨叶、榆树叶、柳树叶、泡桐叶、法桐叶、杨树叶和刺槐叶共 7 种树叶作反复诱杀试验,以榆树叶最好,柳树叶第二,刺槐叶第三,枫杨叶第四。大黑金龟子喜食的杂草主要有刺儿菜、小飞蓬、山苦荬、狗尾草、泥湖菜、婆婆纳、米瓦罐、藜、大巢菜等。③毒枝、毒叶或毒草的制作方法。树木多、树枝来源充足的地区可采用毒枝诱杀,也可采用毒叶或毒草诱杀,但毒枝与毒叶、毒草必须单独使用,不得同时混用。毒叶和毒草可同时使用。树木稀少的地区应大力推广毒草和毒叶诱杀技术。毒枝、毒叶或毒草的制作应在下午5时左右进行。选取大黑金龟子喜食的新鲜带叶的树枝(树枝长度在50厘米以下)或新鲜树叶或新鲜杂草,在田头配好药液,将树叶或杂草在配好的药液内湿一下,即可取出插(置)到田间使用。④毒枝、毒叶、毒草插(置)的时间、数量及次数。用毒枝、毒叶、毒草诱杀大黑金龟子,应在下午5～7时之间完成。过早日晒萎蔫,过晚大黑金龟子已经出土,都会影响诱杀效果。插(置)的数量,以5米见方插1毒枝或置1堆毒叶、毒草为宜。3～5天插(置)1次,在晴暖天气(平均气温18℃～21℃)的晚上插(置),连续3次即可。插(置)1次的防效为50%左右,2次可达70%～80%,3次可达90%～99%。⑤注意保鲜。不管毒枝、毒叶还是毒草,必须新鲜,否则会影响诱杀效果。⑥在大黑金龟子进入出土盛期前,必须铲除田边杂草。否则会因有草可食,影响效果。

(2)暗黑鳃金龟和铜绿丽金龟成虫的防治:

第一,田内毒枝诱杀。毒枝诱杀暗黑金龟子和铜绿金龟子的技术除农药的种类及使用的浓度、毒枝的制作方法及插放的时间同毒枝诱杀大黑金龟子相同外,还应掌握以下几点:①毒枝类型。暗黑金龟子喜食榆树叶、小叶杨树叶、山楂树叶、苹果树叶和枫杨树叶等树木叶片,而铜绿金龟子喜食榆树叶、枫杨树叶等。因此,在使用毒枝诱杀暗黑金龟子和铜绿金龟子时,一定要使用2种金龟子喜食的树枝类型。②毒枝的高度。

暗黑金龟子和铜绿金龟子具有趋高活动取食的习性,毒枝高度应在 1 米以上,1.5 米左右为好,低于 1 米会影响诱杀效果。③插枝的数量及次数。暗黑金龟子和铜绿金龟子活动能力强,插枝数量以 10 米见方 1 枝为宜,每 667 平方米插枝数不要超过 10 枝。从出土高峰日开始,隔 1 晚上插 1 次,连插 3～4 次。④毒枝插放的适期及范围。实践证明,毒枝诱杀暗黑金龟子和铜绿金龟子效果的好坏,关键是毒枝插放的适期和范围。特别是暗黑金龟子,具有广布性、定向取食性和隔日出土性,插放毒枝一定要从出土高峰日开始(出土高峰日大都在常年出土期内第一次透雨后的第一个晚上出现),对所有虫源田(春玉米等高秆作物除外),包括所有麦茬地、春花生、春山芋、菜田等,全面插放毒枝,方能收到良好的控制效果。如果出土高峰日晚上不插放毒枝,以后再插则诱杀效果很差。笔者1986 年在江苏省新沂市徐塘乡推广毒枝诱杀技术,于暗黑金龟子出土高峰日 6 月 16 日晚插放毒枝,第二天早上调查,平均单个毒枝死虫量为 154.6 头,最高单枝死虫 410 头。通过毒枝诱杀使当年的暗黑鳃金龟蛴螬和铜绿丽金龟蛴螬的密度分别比上一年下降 75.6％和 91.5％,均在防治指标以下,无须用药防治幼虫。再如该市城岗乡是大黑鳃金龟蛴螬、暗黑鳃金龟蛴螬、铜绿丽金龟蛴螬重发区,1984 年 3 月中旬挖查田间越冬的虫口密度,每 667 平方米有大黑金龟子 4 876 头,暗黑鳃金龟蛴螬和铜绿丽金龟蛴螬分别为 1 344 头和 7 315 头,当年全面推广毒枝诱杀,9 月上旬花生收获前调查田间蛴螬密度,每 667 平方米分别有大黑鳃金龟蛴螬、暗黑鳃金龟蛴螬和铜绿丽金龟蛴螬 255 头,510 头和 255 头,分别比 1983 年下降 94.8％,50％和 90％。

第二,用药封锁果树、林木。在树少、树小地区,金龟子集中取食,果、林叶片被吃光,可以本着先吃先治、后吃后治、不吃不治的原则,对其喜食果树、林木施药防治。具体方法有以下2种:①小树喷药。对金龟子喜食的果树、林木可进行喷药防治。选用内吸长效农药,如40%氧化乐果、40%久效磷等,使用浓度为600倍液,于金龟子出土高峰期喷药1次即可。据试验观察,氧化乐果的残效期为25天,最佳残效期为10天,喷药后前10天的死虫量占总死虫量的80.4%。笔者1983年在江苏省新沂市的城岗乡试验,6月13日用40%氧化乐果600倍液,喷2棵杨树,树高分别为2米和4米,残效期28天,共毒死金龟子1 322头,其中前6天的死虫量占68.7%。②大树扒根打洞灌药。对金龟子喜食的5米以上的大树喷药困难,可采用扒根打洞灌药法进行防治,效果很好。使用1:1的40%氧化乐果稀释液,每树扒出粗根2条,各打1个洞,洞深至根的中部,灌上20~25毫升的药液,残效期可达20天以上,最佳残效期10~13天。如笔者1983年试验,6月13日施药,杨树高8米,残效期31天,1棵树下共毒死金龟子357头,其中铜绿金龟子32头,暗黑金龟子325头。

2. 防治幼虫保荚果 在暗黑鳃金龟蛴螬、铜绿丽金龟蛴螬重发区,如果成虫防治不彻底,搞好幼虫防治则是保荚增产的重要措施。但由于蛴螬在地下为害,其为害的部位是花生的荚果,用药防治蛴螬不但要考虑防治效果,而且还要避免残毒和污染。为此,要把握以下技术要点:

(1)选用高效低残毒农药:以50%辛硫磷、40%异柳磷乳剂和25%辛硫磷微胶囊剂为好。禁止使用呋喃丹、甲拌磷等高残毒农药。

(2)严格掌握用药量:使用50%辛硫磷、40%异柳磷乳剂每667平方米用量250毫升,25%辛硫磷微胶囊剂每667平方米用量 300～350 毫升。

（3）准确把握防治适期：暗黑鳃金龟和铜绿丽金龟 2 种蛴螬的防治适期为卵孵高峰期至卵孵盛末期。

（4）确定防治对象田，避免盲目乱治：只要以上介绍的防治措施能够落实，一般花生田内不需用药防治蛴螬。因此，为了减少农药残毒，降低防治成本，必须进行针对性的防治。一定要在蛴螬的孵化高峰期调查田间虫口密度，对照前面介绍的防治指标，不达防治指标的田块一律不治。

（5）注意施药方法：

第一，麦套花生和夏花生，在暗黑鳃金龟蛴螬和铜绿丽金龟蛴螬的防治适期内，正值下针期，可结合培土迎针撒毒土防治。用上述农药加土 25～30 千克或细沙 40～50 千克，拌匀后顺垄撒施，然后培土迎针。

第二，地膜花生，可用上述毒土在大雨前封严膜孔，农药经雨，淋入结果层，即可杀死蛴螬。如无大的降水过程，可用上述毒土封过膜孔后，每穴浇水 0.5 升。

第三，露地春花生，可抢在雨前撒毒土或撒毒沙防治。如在防治适期内始终无大的降水过程，必须采取灌毒水法防治。用上述农药加水 2 000 升，每穴花生用铁叉或细木棒、细钢筋等打眼两个（将硬土层穿松即可），浇毒水 0.25 升，防效可达95％左右。

3.播期防治灭虫源

（1）春播期：在大黑鳃金龟发生区，如幼虫越冬比例大，可采用 50％辛硫磷或 40％异柳磷乳剂 20 毫升，加水 1 升，拌花生种 15 千克（667 平方米播量），拌后水分吸干即可播种。通过药剂拌种完全可以控制花生苗期大黑鳃金龟蛴螬的为害，不需要进行土壤药剂处理。在暗黑鳃金龟和铜绿丽金龟发生区,由于2种蛴螬春季都不上升为害,所以不需防治。

(2)秋播期:据观察,黄淮地区,霜降以前播种的小麦都应进行药剂拌种防治蛴螬。方法是:用50%辛硫磷或40%异柳磷乳剂50毫升或用25%辛硫磷微胶囊剂60～70毫升,加水3升,拌麦种50千克,拌后水分吸干即可播种。秋播期药剂拌种法的保苗效果高达99%～100%,灭虫效果高达81.8%～90.9%,是大面积控制蛴螬为害的非常有效、经济的办法。同样,也不需要进行土壤药剂处理。

(三)积极探索生物防治技术,开发防治新领域

1.用白僵菌防治蛴螬　用当地暗黑鳃金龟蛴螬体上分离的白僵菌作防治试验,对暗黑鳃金龟的成、幼虫和蛹都有很好的防治效果,以3龄幼虫和蛹的寄生死亡率最高,小区控制效果可达80%以上。

2.用乳状菌防治蛴螬　国内用乳状菌防治蛴螬的研究始于1974年。各地从不同的蛴螬体内采集了多种菌株,也进行了防治蛴螬的试验研究,防治效果在10%～70%。但各地的效果不尽一致。实践证明,使用乳状菌防治蛴螬必须根据当地的蛴螬优势种选用毒力强的菌株,才能取得较为理想的效果。

3.用八号菌防治蛴螬　八号菌是从小地老虎的死尸中分离的苏云金杆菌,用制备的菌粉在播种期和蛴螬卵孵期防治,灭虫效果和保荚效果都在70%～80%。

4.用线虫防治蛴螬　据江苏省东海县的研究结果,线虫对花生蛴螬有很好的防效,可以人工繁殖。用量以每667平方米3亿头以上为好。且不受土质、蛴螬种类的限制,对大黑鳃金龟蛴螬、暗黑鳃金龟蛴螬和铜绿丽金龟蛴螬的防效都很好。对1～3龄蛴螬的防效为88%～100%,对金龟子的防效为

20%左右。线虫可以重复侵染蛴螬,前期被侵染的蛴螬死虫成为蛴螬再次被侵染的来源。因此,在卵孵始盛期防治1次即可收到良好的效果。

第二节　金针虫

金针虫为鞘翅目叩头甲科幼虫的总称。因体硬、光滑、细长、多呈黄褐色、形似金针,故此得名。金针虫是我国的重要地下害虫,和蛴螬一样,在20世纪50年代曾猖獗为害过。自20世纪60～70年代大力推广有机氯类农药土壤处理技术后,金针虫长期得到控制。但自20世纪70年代末至80年代初,有机氯类农药被停止使用后,加之蛴螬防治技术的改进和提高,田内用药量大幅度减少,以及越冬作物面积的扩大,为金针虫的发生和为害提供了充足的食源和良好的生态条件。所以,1984年以后,金针虫的种群密度迅速回升,发生为害程度逐年加重。据笔者在江苏省新沂市跟踪调查,1984年蛴螬、蝼蛄、金针虫分别占地下害虫总发生量的92.5%,3.1%和4.4%,到1989年,3者分别占10.8%,1.1%和88.1%。显然,金针虫已上升为地下害虫的优势种群。

一、金针虫的种类及分布

(一)种类及优势种　据资料记载,我国金针虫的种类有600多种,为害农作物的常见种类只有20多种。如沟金针虫、细胸金针虫、褐纹金针虫、宽背金针虫、条纹金针虫、铜光金针虫、暗褐金针虫、农田金针虫等。但分布广、为害重的优势种是沟金针虫,其次是细胸金针虫。

(二)优势种的分布规律　沟金针虫和细胸金针虫分布于

旱作地区,种群分布有明显的区域性。其中沟金针虫主要分布在沿河两岸地势较高的砂壤土及丘陵岗地的沙质土壤地带,粘土地和低洼地发生少。笔者 1987 年普查 243 块旱作田,砂壤土、青沙板土、沙性岗黑土、紫沙土、包浆土、黄沙土、黄土、老黄土和粘土 9 种土质的沟金针虫发生量分别为每平方米50 头,41 头,39 头,34 头,23 头,19 头,7 头,5 头,1 头。以沿河两岸的砂壤土和丘陵岗地的青沙板土、沙性岗黑土、紫沙土4 种土质的发生量最大,形成了固定发生的虫窝地带。而喜湿的细胸金针虫则主要分布在我国北部的潮湿土壤地带。如陕西关中地区的水浇地,京广、京沈铁路沿线的水涝地,黄河流域、渭河流域及冀中平原的夜潮地等都是细胸金针虫的重发区。

二、优势种的形态特征及生物学特性

(一)沟金针虫

1. 形态特征

(1)成虫:雌虫体扁平,黑褐色。体长 14～17 毫米,宽 4～5 毫米。前胸发达,前窄后宽,宽大于长。触角深褐色,11 节,锯齿状,长度约为前胸的 2 倍,不到腹部的一半。鞘翅上的纵沟不明显,后翅退化。雄虫体形细长,深褐色,全体密被金黄色细毛。体长 15～18 毫米,宽约 3.5 毫米。触角深褐色,12 节,丝状,长度可达鞘翅末端。鞘翅表面有明显的纵沟,其间密布刻点和细沟,后翅未退化。足细长。

雌、雄虫的头顶都有三角形凹坑,并密生刻点。前胸背板的两后侧向两边突起呈刺状。前胸腹板中央有楔形突起,插入中胸腹板槽中,二者抵合时能够叩头,所以称叩头虫。

(2)卵:近圆形,乳白色,长约 0.7 毫米,宽约 0.6 毫米。

（3）幼虫：初孵化时体呈乳白色，头及尾部黄白色，体长约 2 毫米，后渐变黄色。老熟幼虫金黄色，体表有同色细毛，侧部多于背部。体长 25 毫米左右，宽 4 毫米左右。体节宽大于长，头至第九腹节渐宽，使整个体形呈宽扁状。胸部至第十腹节的背面有 1 条明显的细纵沟，沟金针虫由此得名。尾节背面有近圆形的凹陷，并密布刻点，两侧缘隆起，并有 3 对锯齿状突起，尾端分叉，稍向上弯曲，两叉内侧各有 1 小齿。

（4）蛹：蛹体纺锤形，初化蛹淡绿色，渐变黄白色、黄色、黄褐色，羽化前深褐色。雌蛹体长 16～22 毫米，宽约 4.5 毫米。雄蛹体长 15～19 毫米，宽约 3.5 毫米。前胸背板隆起，两后侧向两边突出呈刺状，腹板中央有楔形突起，并伸入中胸腹板槽中。中胸较后胸短，背面中央隆起，并有横皱纹。腹部细长，尾端自中间分开，有刺状突起。

2. 生活史及生物学习性　沟金针虫的世代历期长，在安徽、江苏、山东、河南、河北等地，大多 3 年完成 1 代。各个虫态的发育进度不够整齐，致使世代重叠，成、幼虫交替重叠越冬。成虫期 210 天左右，卵期 20 天左右，幼虫期 850 天左右，蛹期 18 天左右。

（1）成虫：沟金针虫的成虫于 8 月下旬至 9 月上旬羽化，羽化后当年不出土，在蛹室内越冬。越冬深度 15 厘米左右（犁底层）。下一年早春，当日平均气温和 5～10 厘米地温稳定在 5℃左右时开始出土，时间在 2 月下旬至 3 月上旬。3 月中下旬，平均气温升达 10℃左右、5～10 厘米地温在 12℃左右时达出土活动高峰。也就是说，越冬小麦返青后，沟金针虫成虫开始出土，小麦拔节初期是出土活动高峰期。沟金针虫出土进度和大黑金龟子一样，雄虫出土早于雌虫，当雌雄比例接近 1∶1 时达出土活动高峰（从系统调查和大田普查所获得的成虫统计,雌雄比为 45：55)。

通过养虫室的饲养和大田的通夜观察,晚上 7 时左右成虫开始出土,8 时左右达出土高峰。雄成虫出土后爬到小草、小树或越冬作物上,除触角来回摆动外,一般不作大的移动,更少见到飞动。有一定的趋光性,灯下可见部分雄成虫。雌成虫虽然后翅退化不能飞翔,但出土后比较活泼,地点不固定,不断地爬行,寻偶交配,活动范围在 2 米左右。午夜后部分成虫开始入土,天亮前入土结束。雌成虫和雄成虫都不为害农作物。

由于金针虫成虫的活动性差,活动范围小,所以在长期旱作的地带形成明显的虫窝,造成严重危害。世代历期长,固定发生,有利于集中开展防治,长期控制其为害。

(2)卵:沟金针虫于 3 月中旬开始产卵,3 月下旬至 4 月上旬为产卵高峰。单雌产卵量在 150 粒左右。卵产在 5 厘米左右的土层内。

(3)幼虫:沟金针虫的卵经 20 天左右的时间即可孵化,4 月中下旬为孵化高峰期。幼虫孵化后即可进行为害。沟金针虫属于杂食性害虫,不但为害花生、玉米、山芋、大豆、小麦、大麦、瓜类、蔬菜等旱作物,而且还为害花卉苗木、中药材、林果和杂草。但对小麦为害最重,其次是春播作物和苗圃。对冻甘薯和烤熟甘薯有很强的趋性,可用于测报。虽然沟金针虫的幼虫历期长达 850 天左右,但每年的为害盛期只在春季。5 月上旬后,随着气温的升高,逐渐停止为害,下移至 15～20 厘米的土层内越夏。除 3～5 月份长期干旱少雨的年份,沟金针虫未能充分取食,夏播作物的苗期可以受害外,一般年份,夏秋季基本不造成危害。秋季虽有部分幼虫上移到表土层,但为害很轻。10 月中旬后,随着气温的降低,逐渐下移到深土层越冬。据笔者 1990～1991 年在苏北、鲁南挖查沟金针虫 1 月份的不同越冬深度,结果表明,0～5厘米、5～10厘米、10～15厘米、15～20厘米、20～25厘米土层的虫量分别占总虫量的1.9%,43.4%,46.2%,6.6%和1.9%。

越冬幼虫在早春平均气温和5～10厘米地温升达3℃～5℃时开始上升为害越冬作物和春播作物等。平均气温和5～10厘米地温升达10℃～12℃时达为害高峰。5月份以后又下移深土层越夏。如此循环往复,每代幼虫要经过3个春季的为害高峰后,才下移深土层越夏化蛹。

花生田的沟金针虫主要在花生的苗期为害。播种越早,为害越重。所以,春花生重于夏花生。春花生中,双膜菜用花生重于地膜花生,地膜花生又重于未盖地膜的露地花生。花生出苗前,幼根被害不能出苗,造成缺苗断垄;子叶被害形成缺刻、弱苗。花生出苗后,根部被害,轻者形成弱苗,使花生减产;重者造成死苗。秋季有少部分幼虫为害花生荚果,造成烂果,果面留有圆圆的小孔。但虫果率很低,不需防治。

(4)蛹:沟金针虫的老龄幼虫于春季为害后即下移深土层越夏化蛹。化蛹始期在8月上旬,高峰期在8月中下旬。经17～20天羽化为成虫。化蛹深度13～20厘米。

3. 影响发生的因素

(1)土质:沟金针虫长期生活在地下,土壤条件对其为害影响很大。沟金针虫主要发生在丘陵岗地的青沙土、紫沙土、沙性岗黑土、包浆土等沙性地和沿河两岸地势较高的砂壤土、黄土地。由此表现出明显的区域性、固定性,形成老虫窝地带。

(2)耕作制度及食料来源:沟金针虫都发生在旱作田,特别是重发区都是长期旱作区。水旱轮作田无沟金针虫发生;大面积推广免耕技术,使土壤长期得不到深翻,土壤生态环境稳定,有利于沟金针虫的生存;小麦等越冬作物和早春作物面积大、食料丰富,有利于沟金针虫的取食和繁殖。另外,沟金针虫的为害与作物的生育期有密切的关系。凡是在沟金针虫的为害高峰期内处于苗期的作物受害就重。如晚播晚发的小麦田、保护地栽培的早春瓜菜、花生以及苗圃地等。

(3)气候的影响:

第一,温度的影响。沟金针虫为害时间的早晚与早春气温回升的早晚有关。当早春平均气温连续10天升达3℃、5～10厘米地温升达4℃时开始上升为害;平均气温稳定在4℃～6℃、5～10厘米地温稳定在5℃～7℃时为害始盛;平均气温和5～10厘米地温稳定在9℃～12℃时为害高峰。早春气温回升得越早,沟金针虫的为害就越早,为害期就越长,为害就越重。否则为害期推迟,为害程度就会减轻。如1990年,苏北、鲁南地区在2月7～12日平均气温升达3.7℃,2月12～17日开始为害;而1988年,3月7～12日平均气温只稳定在3℃以上,开始为害期推迟到3月12～17日,比1990年迟发1个月。

第二,降水及土壤湿度的影响。在沟金针虫的为害季节内,如降水日少、降水量小,土壤长期干旱板结,或长期降水,土壤水分处于饱和状态,都不利于沟金针虫的为害;如降水日较多且分布均匀,旬降水量在15毫米左右,沟金针虫的为害就会加重。据系统调查田同步测定的土壤含水量与沟金针虫为害进度对比分析的结果,有利于沟金针虫为害的10厘米土壤含水量为12%～18%,低于10%和高于19%都不利于沟金针虫的为害。

(二)细胸金针虫

1. 形态特征

(1)成虫:体长8～9毫米,宽约2.5毫米;细长形,暗褐色,有光泽,体表密被灰色短毛;前胸背板略呈圆形,前后宽度基本相同,两侧缘前端显著向下弯曲,后缘角伸向后方;前胸腹面的纵缝不明显,触角不能完全藏于其中,两前足中间也有楔形突起,伸向中胸;触角红褐色,第二节球形;鞘翅长度约为头、胸部长度之和的 2 倍,翅面有 9 条纵列的刻点;足短,红褐色。

(2)卵:乳白色,半透明,近圆形,直径约 0.5 毫米。

(3)幼虫:虫体细长,圆筒形,淡黄色,有光泽。老熟幼虫体长 20～25 毫米,平均体长 23 毫米。头部扁平,与体同色,头宽 1.7～1.8 毫米,口器深褐色。尾节圆锥形,不分叉,尖端为红褐色小突起,背面近前缘两侧各有褐色圆斑 1 个。

(4)蛹:体长 8～9 毫米。初化蛹黄白色,后变黄色。羽化前复眼黑色,口器红褐色,翅芽灰黑色。

2. 生活史及生物学习性 细胸金针虫在河北、陕西等地大多是 2 年完成 1 代,以成、幼虫交替越冬。成虫期 250 天左右,卵期 25 天左右,幼虫期 450 天左右,蛹期 12 天左右。据郭士英等在陕西省武功县的调查,单数年成虫越冬的比例较大,为 15％左右;幼虫越冬的比例较小,为 85％左右。双数年成虫越冬比例小,为 3％左右;幼虫越冬比例大,为 97％左右。幼虫越冬比例大的年份,当年秋播作物和下一年春播作物受害重。虫害有比较明显的大小年现象。

(1)成虫:在田间,7 月上旬成虫开始羽化,7 月中下旬为羽化盛期,8 月下旬羽化结束。羽化历期长,高峰期不明显。成虫羽化后当年不出土,在化蛹处越夏、越冬。雌雄比为 54:46。

越冬成虫于 3 月上中旬平均气温和 5～10 厘米地温稳定在 10℃以上时开始出土活动,4 月中下旬平均气温和 5～10

厘米地温稳定在 15℃ 左右时达出土活动高峰。成虫白天很少活动，大多潜伏在浅土层中、土块下或作物的残茬内，晚上 6～8 时出土活动，气温高，出土早。成虫有补充营养习性，出土后靠爬行或短距离飞动觅食或寻偶交配。交配多在上半夜，有多次交尾习性。如果气温高，则整夜活动，天亮时才潜回土中或土块下等隐蔽处。成虫趋光性弱，有假死性和很强的叩头反跳能力。对稍有萎蔫的新鲜杂草和糖液有较强的趋性。

　　成虫喜食小麦叶片，有的从边缘为害，形成缺刻；有的为害叶肉，残留叶脉和另一面的表皮。被害处干枯后则呈不规则的残碎孔洞。成虫除喜食小麦叶片外，还取食杂草和其他作物叶片或折断植株流出的汁液。还能为害春播作物的幼芽，造成缺苗断垄。雌虫取食不同植物的叶片，产卵量有明显的差异。在小麦、油菜、荠菜、酸模、夏至草、刺蓟、苜蓿、草木樨、野燕麦、播娘蒿、豌豆和毛茛 12 种植物中，以取食小麦叶片的产卵量最大，平均为 88 粒，最高达 202 粒。其次是取食油菜和荠菜，产卵量分别为 66 粒和 62 粒。取食毛茛、豌豆的产卵量最低，分别为 18 粒和 20 粒。

　　(2)卵：细胸金针虫的雌虫出土后昼伏夜出，约经 40 天的活动、取食、交配，方才产卵繁殖，这为成虫防治提供了充足的时间。卵分批散产于浅土层中，其中 0～5 厘米土层的卵量最多，占 80% 以上。田间 4 月中旬开始见卵，5 月上中旬为产卵盛期，5 月下旬至 6 月初产卵结束。产卵历期近 50 天。早产的卵因温度低，卵期长；晚产的卵因温度高，卵期短。平均卵期在 25 天左右。卵发育的起点温度为 11.2 ± 1.1℃，有效积温为 265.4 日℃。

　　(3)幼虫：5 月下旬至 6 月上中旬为卵孵盛期，初孵幼虫活泼，有自残性。幼虫孵化后一直为害到 12 月上旬小麦即将进入越冬期才下移至深土层越冬,越冬深度为 15～40 厘米。越冬幼虫于 2 月中旬小麦返青后开始上升,为害越冬作物和早春作物;3 月上旬至 5 月下旬为为害高峰期。处于拔节期的小麦以及处于苗期的早春作物受害严重。细胸金针虫没有明显的越夏性,除越冬期不为害外,春夏秋 3 季都可为害,但以春秋两季为害最重。在春季干旱的年份,越冬作物受害轻,夏播作物的苗期受害严重。小麦的生育期长,秋季的苗期和春季的拔节期两次受害,所以是受害最重的作物。大部分的花生产区,细胸金针虫的发生量较小,为害较轻。

(4)蛹:老熟幼虫自 6 月中下旬起,逐步下移至 15～30 厘米的深土层中做土室进入预蛹期,6 月下旬开始化蛹,7 月份为化蛹盛期。

3. 影响发生的因素

(1)土壤及水利条件:细胸金针虫能否严重发生,最重要的条件是土壤环境。与喜欢疏松高燥土壤、耐干旱饥饿的沟金针虫相反,细胸金针虫只能生活在地下水位高、土壤质地较粘重、保水性能好、长年含水量高的潮湿土壤地带。土壤含水量 13%～19%适合成虫产卵,10%的土壤含水量是成虫产卵湿度的临界线。土壤水分充足是细胸金针虫发生的先决条件。所以,水利条件差的低洼潮湿地、过水洼地以及水利条件好的长年水浇地和夜潮地发生量大,为害重。

(2)降水条件:在细胸金针虫的为害季节,降水日数多、土壤湿度大为害重。否则为害轻。

(3)温度条件:无论是成虫的出土活动,还是幼虫的为害都与温度有密切的关系。成虫活动的适宜温度是 13℃～27℃,在出土期内,如晚上气温低于 13℃,成虫很少出土活动。晚上出土后,如夜间气温下降快,则成虫提前入土。幼虫在土中的上下活动规律主要受温度影响,12月份,旬平均气温下降到1.3℃、10厘米地温降到3℃以下时,幼虫下移到深土层越冬。春季旬平均气温稳定在3.9℃、10厘米地温稳定在4.8℃时,部分幼虫开始上移为害;当旬平均气温和5~10厘米地温上升到12℃时,进入幼虫为害盛期;当旬平均气温和5~10厘米地温上升到15℃左右时达幼虫为害高峰。夏季气温高,10厘米地温在24℃以上,幼虫大多下移至10厘米以下土层内活动为害;如遇连续阴雨、地温下降、土壤水分大时,细胸金针虫就上升到土表活动为害,雨停后又转高温,则又下移至深土层活动。秋季10厘米地温下降到20℃以下时,细胸金针虫重新上移为害,当10厘米地温降到12℃~15℃时,进入秋季为害高峰。

(4)食料条件:细胸金针虫的成虫和幼虫都取食作物为害,如一年四季都有充足的食料,则有利于繁殖和生存,发生量大,为害重。因此,越冬作物面积大、冬闲田面积小、早春作物播种及时、又推广保护地覆盖栽培的地区,如满足上述土壤条件,就会导致细胸金针虫的大发生。

三、调查取样方法及预测预报

(一)种群分布型及取样方法

1. 种群分布型 笔者于1987~1989年,分别在冬闲田和麦收后的麦地内用分层随机取样法,对18块田的沟金针虫幼虫的种群,用丛生指标I、负二项分布的K值和CA指标、聚集度指标以及平均拥挤度与平均虫口密度的回归关系,进行了分布型的测定。测定的结果,沟金针虫幼虫的种群为聚集分布型。

2. 取样方法及理论抽样数 由于沟金针虫为极不均匀

的聚集分布,冬闲田或作物收获后的田块的调查可采用"Z"字形10个样点取样法,每点挖查1平方米。进行作物生长期的虫量调查时,为减少损失,田间调查的样点宜多,每个样点要小。每个样点的取样面积以0.11平方米为好。取样方法用"Z"字形多点取样法。取样数量取决于虫口密度的大小。见表33。

表33　作物生长期沟金针虫密度调查的理论取样数

不同虫口密度 (头/0.11 米²)	0.5	1	2	3	4	5	6	7	8	9	10
0.11 米² 理 论 取 样 数(允许误差0.2)	354	157	84	60	48	41	36	32	30	28	26
0.11 米² 理 论 取 样 数(允许误差0.4)	76	39	21	15	12	10	9	8	7	7	7

(二)预测预报

1. 发生期的预报

(1)沟金针虫:可采取2种预报方法。

第一,温度预报法。笔者将1988～1991年在江苏省新沂市4年的田间调查资料与当地气象资料综合分析,当早春平均气温和5～10厘米地温连续10天升达3℃以上时,沟金针虫上移到10厘米土层内,并开始为害小麦等越冬作物和早春作物,此时正值小麦返青期;平均气温和5～10厘米地温升达4℃～6℃时,沟金针虫上移到5～7厘米土层内,进入为害始盛期;升达9℃～12℃时,沟金针虫上移到5厘米以内的土层内,达为害高峰期。见表34。

第二,甘薯诱测法。田间系统调查是农业害虫的主要测报办法,但沟金针虫属地下害虫,常规的系统调查要5天1次,不但花工量大,而且要挖掉大量的作物。为了避免损失,简化测报办法,采用甘薯诱测法非常成功。测报点选在沟金针虫长年重发的田内,用冻甘薯或烤熟的甘薯进行诱测。冻甘薯是将鲜甘薯于11月下旬埋入田间10厘米土层内,经1个冬天冻化后,在沟金针虫开始为害前半个月扒出埋入测报点;烤熟甘薯是将鲜甘薯在烤箱、烤炉或火炉上烤熟后埋入测报点。甘薯

表34　沟金针虫春季为害进度与温度的关系

年份	始害前半旬			为害始期				为害始盛期				为害高峰期			
	平均气温(℃)	5厘米地温(℃)	10厘米地温(℃)	日期(月/日)	平均气温(℃)	5厘米地温(℃)	10厘米地温(℃)	日期(月/日)	平均气温(℃)	5厘米地温(℃)	10厘米地温(℃)	日期(月/日)	平均气温(℃)	5厘米地温(℃)	10厘米地温(℃)
1988	5.8	5.9	6.7	3/12~17	6.1	6.4	6.5	3/17~28	6.1	7.4	7.3	3/28~4/17	12	13.0	12.4
1989	4.1	4.6	4.7	2/18~27	3.3	4.2	4.3	3/7~11	4	4.3	4.4	3/11~4/2	10	10.4	9.9
1990	3.7	3.7	3.5	2/12~17	4.4	4.5	4.4	2/27~3/7	4.8	5.4	5.4	3/7~17	10.3	10.6	10.3
1991	3.4	3.6	3.6	2/8~12	5.5	6.1	6.2	3/16~4/3	6.4	7.9	7.7	4/3~17	12.7	13.9	13.2
平均	4.3	4.4	4.6		4.8	5.3	5.4		5.3	6.3	6.2		11.3	12	11.5

经冻化或烤熟后,组织松软,具有浓厚的香甜气味,对沟金针虫有很好的诱集作用。测报点设5~10个点,每点埋1块甘薯,甘薯大小一致,埋深10厘米,盖上鲜土,插上标记。每5天扒查1次各点诱集到的虫量及取食情况。当点内出现沟金针虫时,进入为害始期;当点内虫量明显增多,并开始取食甘薯时,进入沟金针虫为害始盛期;当点内虫量多而稳定,并大量取食甘薯时,进入沟金针虫为害高峰期。实践证明,甘薯诱测

法能准确预报沟金针虫的发生期和防治适期。在甘薯诱测中，烤熟甘薯易霉烂变质，诱测效果不如冻甘薯。

（2）细胸金针虫：

第一，幼虫发生期预测。根据气象预报，当2月下旬至3月上旬旬平均气温和5～10厘米地温升达4℃～5℃时，幼虫开始上升为害；3月中下旬至4月上旬平均气温和5～10厘米地温升达12℃左右时，进入为害始盛期；4月中下旬平均气温和5～10厘米地温稳定在15℃左右时达为害高峰期。当秋季5～10厘米地温下降到15℃～12℃时，进入秋季为害高峰期。因此，可以根据气温和地温的变化预报细胸金针虫幼虫的发生为害期，用于指导大田防治。

第二，成虫发生期预测。利用细胸金针虫取食补充营养的习性开展成虫防治，是防治细胸金针虫的重要手段。因此，及时搞好成虫发生期的预报，对指导大田防治尤为重要。可用两种方法：一是温度预测法。当3月上中旬旬平均气温和5～10厘米地温稳定升达10℃以上时，细胸金针虫的成虫上移至浅土层，并开始出土；当平均气温和5～10厘米地温稳定在15℃以上时，进入成虫出土活动高峰期，即成虫防治适期。二是用红糖加水做成3～5个糖浆盆诱测成虫。选细胸金针虫的重发田，5～10米放1个糖浆盆，埋入地表，盆口与地面相平，每天下午6时前拿掉盆盖，早上9时前取出盆内诱到的成虫，并盖上盆盖。10天左右换1次盆内糖浆。当盆内成虫明显增多时为成虫出土始盛期，即成虫防治适期。

2. 发生程度的预报　无论沟金针虫，还是细胸金针虫，发生为害程度主要取决于田间虫量的大小和土壤的湿度。因这两种金针虫的分布都具有明显的区域性和固定性，所以，老虫区的虫量都比较大，降水和土壤湿度则是决定发生程度的关键。如在为害期内降水日多,分布均匀,土壤湿度适宜,则可预报大发生;如前期(或后期)土壤湿度适宜,而后期(或前期)干旱,则可预报中等发生;如整个为害期内始终干旱无雨,土壤板结,则可预报轻度发生。

四、防治技术

(一)沟金针虫　　应采取农业防治与化学防治相结合、花生田防治与其他作物田防治相结合的综合防治措施。

1. 农业防治　　水旱轮作是根治沟金针虫的最好措施;提倡土地深翻,破坏沟金针虫的生存环境;如人力许可,能够犁后捡虫,也是减少田间虫源的好办法。

2. 化学防治　　因沟金针虫 3 年完成 1 代,固定发生,为害盛期又只在春季,为集中开展防治提供了很好的条件。经大面积防治的实践证明,同一田块,只要连续防治 2 年,即可长期控制为害。具体防治方法如下:

(1)花生田的防治:方法是药剂拌种。沟金针虫发生区的所有旱茬春花生和 3～4 月份长期干旱年份的夏花生,播种前都要进行药剂拌种。拌种方法见蛴螬部分。

(2)小麦等越冬作物田的防治:

第一,防治对象田。笔者于 1989 年对麦田沟金针虫损失率测定的结果,虫口密度与小麦产量损失率之间的回归方程为:

$$Y = -2.8675 + 19.3176X, r = 0.9924^{**}$$

X 表示沟金针虫的密度,单位为:头/0.11 平方米。Y 表示小麦产量损失率(%),r 为相关系数。

在小麦每 667 平方米 350～400 千克产量的水平下,用喷毒水法防治的成本为 10.5 元/667 米^2 左右,小麦单价以 0.9

元/千克计算,相当于 11.7 千克小麦,即毒水法防治允许损失率为 3%。如果用毒土法防治,成本为 7 元/667 米^2 左右,相当于 2%的损失率。

将损失率 3%和 2%分别代入上面的虫口密度与损失率的回归方程,即可算出在目前小麦每 667 平方米 350~400 千克产量水平下的沟金针虫的防治指标:毒水法为:0.3 头/0.11 米^2;毒土法为 0.25 头/0.11 米^2。

于沟金针虫开始为害前调查 1 次田间虫量,凡达防治指标的田块作为防治对象田,不达指标的不需防治。

第二,防治适期。小麦返青期,沟金针虫开始为害时是防治适期。具体指标是小麦株或茎蘖被害率 0.5%~1%,最迟不超过 5%。

第三,防治方法。用 50%辛硫磷乳剂或 40%甲基异柳磷乳剂 250 毫升,稀释 1500 倍,用去掉喷片的喷雾器顺麦垄喷施,或拌沙 40~50 千克,抢在雨前撒毒沙防治。1 次施药可控制当年为害。

(二)细胸金针虫

1. 农业防治

(1)水旱轮作:细胸金针虫虽然喜欢水浇地和潮湿地,但不能在水中生活,加之 2 年才能完成 1 代,所以实行水旱轮作,能够根治细胸金针虫的发生。

(2)深耕细耙土地:细胸金针虫春秋两季都在表土层活动为害,又无明显的越夏现象,因此,春夏秋 3 季都可以通过土地耕翻,用圆盘耙反复切耙土壤,可切杀 30%以上的细胸金针虫,效果显著。

2. 化学防治

(1)成虫防治:

第一，药草诱杀成虫。利用细胸金针虫成虫取食补充营养和对新鲜稍微萎蔫杂草有趋性的特点，于成虫出土高峰期，结合春季麦田拔草，将新鲜稍有萎蔫的杂草在 500～600 倍的 50%辛硫磷或 50%甲胺磷药液中湿一下取出，按 2 米见方一堆置于田间(花生等春作物和小麦等越冬作物田都可置放)，即可诱杀大量成虫。

第二，用药喷杀成虫。在成虫出土高峰期，对已经出苗的花生等春作物田和小麦等越冬作物田，每 667 平方米用 5%高效大功臣可湿性粉剂 10～20 克或 25%快杀灵乳剂 30～40 毫升，对水 30～40 升，叶面喷雾防治成虫。此方法还可兼治其他害虫。

(2)幼虫防治：

第一，药剂拌种。小麦及花生播种时进行药剂拌种，对控制苗期细胸金针虫的为害有良好的效果。拌种方法同蛴螬。

第二，在春秋两季细胸金针虫开始为害时，用 50%辛硫磷或 40%甲基异柳磷乳剂 250 毫升，拌沙 40～50 千克或细土 30～40 千克，抢在下雨前或结合灌水撒毒沙或毒土防治。同一田块连续防治 2 年，可以长期控制细胸金针虫的发生。

第三节　花生蚜

花生蚜属同翅目蚜虫科。别名槐蚜、苜蓿蚜、蚕豆蚜。

一、分布与为害

花生蚜是多食性害虫，花生产区都有分布，是花生的重要害虫。花生顶土时就从土缝钻入，为害花生的嫩茎和嫩头；花生出苗后，花生蚜集中在子叶下的嫩茎、嫩头及靠近地面的叶片背面，除刺吸为害外，还传播花生病毒病，是花生受害最重的时期；花针期和结荚期，花生蚜主要为害果针，使果针不能入土，或入土果针不能成果，或成果的饱果少、瘪果多。一般减产30%左右，严重田块减产50%以上，甚至颗粒无收。

花生蚜除为害花生外，还为害蚕豆、豇豆、菜豆、豌豆、扁豆等豆类作物，苕子、紫云英、苜蓿等绿肥作物，荠菜、刺儿菜、地丁等杂草以及刺槐、国槐、紫穗槐等200多种植物。

二、形态特征

花生蚜有成蚜、若蚜和卵3种虫态。成蚜又分有翅胎生雌蚜、无翅胎生雌蚜；若蚜又分有翅胎生若蚜、无翅胎生若蚜。

（一）有翅胎生雌蚜　体长1.5～1.8毫米，黑色、黑褐色或黑绿色，发亮；足黄白色，前足胫节端部、跗节和后足基节、转节、腿节、胫节端部褐色；有翅两对，翅的中脉分叉两次；腹部第一至第六节背面有硬化条斑；腹管细长，黑色，约为尾片的3倍；尾片乳突状，黑色，明显上翘，两侧各生刚毛3根；触角6节，约与体等长，第一二节黑褐色，第三至第六节黄白色，节间带褐色。

（二）有翅胎生若蚜　体黄褐色，被有薄的蜡粉；腹管细长，黑色，长为尾片的5～6倍；尾片黑色，不上翘。

（三）无翅胎生雌蚜　体长1.8～2毫米，多为黑色，少数黑绿色，体肥胖、发亮，被有薄的蜡粉；足黄白色，胫节、腿节端部和跗节黑色；腹部第一至第六节背面膨大隆起，呈一大型隆斑，分节界限不清，各节侧缘有明显的凹陷；腹管细长，黑色，长约为尾片的2倍；尾片同有翅胎生雌蚜；触角6节，约为体长的2/3，第五节末端及第一、二、六节黑色，其余黄白色。

（四）无翅胎生若蚜　体黑褐色或灰褐色，体节明显，其余与无翅胎生雌蚜(无翅成蚜)相似。

（五）卵 长椭圆形,初产淡黄色,后变草绿色,孵化前黑色。

三、生活史及生物学习性

花生蚜 1 年发生 20～30 代,主要以无翅胎生雌蚜和若蚜在背风向阳的沟边、田埂、土堰、坟边、桑园、苗圃、院内、山坡等特殊环境中的蚕豆、豌豆等越冬作物以及荠菜、地丁、苜蓿、大巢菜等杂草的基部和心叶内越冬。部分地区以卵在寄主作物和杂草上越冬。翌年 3～4 月份在越冬的寄主上繁殖、为害,4 月中下旬产生有翅蚜,飞向田间的荠菜、刺儿菜、地丁、野苜蓿等杂草、苕子、紫云英、豌豆等越冬作物以及刺槐、国槐和紫穗槐等中间寄主扩散繁殖,形成春季第一次有翅蚜扩散高峰。5 月份,花生出苗,荠菜老化,温度适宜,中间寄主上产生大量的有翅蚜,迁向春花生田繁殖为害,形成第二次扩散高峰。苏北、鲁南、河南等地在 5 月中下旬,鲁北、河北等地在 6 月上中旬出现第二次扩散高峰,越往北高峰期越晚。7～8 月份的高温季节,又产生大量的有翅蚜飞向菜豆、刺槐、紫穗槐等阴凉处繁殖为害。秋季,在菜豆、扁豆、紫穗槐割后新出的嫩芽、花生收后田内遗留果生出的稆生苗等寄主上繁殖,待越冬寄主出苗后又产生有翅蚜飞向越冬寄主上繁殖并越冬。

花生蚜在花生田有两个发生高峰。第一发生高峰在春花生的苗期,其发生特点是蚜穴率高(一般 30% 左右,高的达80%)、单穴蚜量小(一般 0～10 头,高的达 30 头左右)、有翅蚜比例大(一般 15%～30%,高的达 50% 以上)、分散性强(田间分布较均匀)、持续时间长(20 天左右)。第二发生高峰在夏花生的开花下针期和春花生的结荚期,其特点是蚜穴率高

（50%～80%,高的 100%）、单穴蚜量大（一般年份 20～50头,大发生年份 100 头以上）、无翅蚜比例高（95%～99%）、分散性小（有翅蚜少,穴与穴之间蚜量差异大,分布很不均匀）、持续时间短（蚜量上升速度快,在短期内即可暴发,10 天左右自然消失）。

花生蚜喜食寄主幼嫩、多汁的部位,多集中在花生的嫩茎、嫩头、花柄、果针上刺吸为害。有翅蚜扩散性、传毒性强,繁殖速度慢；无翅成蚜繁殖力高,繁殖速度快,可在 5～10 天内增长十几倍、几十倍,甚至百倍以上。如笔者 1986 年在苏北新沂市的观察结果,7 月 17 日平均单穴蚜量只有 0.9 头,至 7月 22 日,5 天内单穴蚜量上升为 62.8 头,增长近 70 倍；至 7月 28 日,单穴蚜量为 147.2 头,10 天增长 162 倍。

四、影响发生的因素

（一）寄主的影响 一年四季,花生蚜喜食的寄主多,分布范围广,有利于花生蚜的迁移为害和繁殖,发生量大,为害就重。如果越冬豆类作物面积小,除草彻底,中间寄主少,就不利于花生蚜的迁移为害和繁殖。

（二）气温的影响 花生蚜的发生期及发生程度与气温的关系非常密切。虽然在日平均气温 6℃～26℃的范围内都可繁殖为害,但适宜的温度范围是 15℃～23℃,最适温度是18℃～22℃。

3 月份平均气温在 6℃以上,4 月份平均气温在 13℃以上,5 月上中旬花生齐苗后的平均气温在 18℃～22℃,就会导致花生蚜的大发生。花生苗期,日平均气温 20℃～22℃,日最高气温 24℃～28℃,最有利于花生蚜的为害、繁殖。平均气温24℃以上、日最高气温 30℃以上,能有效地抑制花生蚜的繁殖。花生下针期至结荚期，花生生长旺盛，遮荫效果明显，平均气温24℃～27℃、日最高气温28℃～31℃，有利于伏蚜的发生，连续7～10天平均气温在24℃～27℃时，就会出现第二蚜高峰。平均气温超过27℃，不利于花生蚜的生存与繁殖。在第二蚜高峰期内，如连续3天平均气温在27℃以上，最高日平均气温在31℃以上，就会使花生蚜迅速消退。第二蚜高峰持续时间的长短以及发生量的大小，关键在于气温。如24℃～27℃的平均气温持续时间长，第二蚜高峰期就长，发生量就大。见表35。

（三）降水的影响　降水除了使气温变化，间接影响花生蚜的发生外，还有对花生蚜的直接冲杀作用。因此，降水是影响花生蚜发生的主要因素。3～4月份，阴雨天多，雨量大，不但使气温下降，影响花生蚜在越冬寄主上的繁殖，而且大量的蚜虫被冲杀，蚜量基数减少，从而减轻春花生苗期蚜虫的为害。花生出苗后的20天内，降水次数多，且有大的降水过程，就会使气温下降，影响花生蚜的迁入繁殖，同时花生苗棵小，蚜虫易被雨水冲杀，所以，蚜量少，为害轻。花生生长中后期，枝叶茂盛，对花生蚜有遮荫挡雨作用，花生蚜的为害部位又是果针，降水不但对花生蚜无冲杀作用，而且，决定着第二蚜高峰期出现的早晚和持续时间的长短。因为，第二蚜高峰期正值高温季节，只有出现连阴雨天气，才能使高温天气减少，气温下降到适合花生蚜快速繁殖的范围。阴雨天气持续的时间越长，第二蚜高峰期维持的时间就越长，发生量就越大。从开花下针期至结荚期，连阴雨天气出现的早，第二蚜高峰出现的也就早。如果始终无连阴雨天气，一直高温酷暑，就不会出现第二蚜高峰。见表35。

（四）保护栽培的影响　双膜栽培的早春菜用花生，由于

表 35 花生蚜发生与气温和降水的关系

日期(月/日)	5/16	5/21	5/26	6/2	6/6	6/11	6/16	6/21	6/26	7/1
每穴蚜量(头)	13.3	13.3	11.3	4.6	0.2	0.8	2.3	1.1	0.3	0.3
前5天平均气温(℃)	18.9	21.5	21.3	24.6	25.4	23.5	21.2	25.3	23.6	29.5
前5天最高气温平均(℃)	25.7	27.9	27.5	31.9	31.8	30.2	24.4	30.5	27.4	34.8
前5天降水量(毫米)	32.2	22.5	0	0.7	0.6	0	80.4	5.6	0	15.4
日期(月/日)	7/7	7/11	7/17	7/22	7/28	8/1	8/6	8/13	8/21	8/26
每穴蚜量(头)	1.8	0.3	0.9	62.8	147.2	2.9	0.5	0.2	0	0
前5天平均气温(℃)	22.7	23.7	26.0	23.7	26.7	27.7	24.7	27.2	26.1	23.5
前5天最高气温平均(℃)	26.8	28.0	30.5	27.0	30.7	32.8	28.3	31.9	30.9	28.4
前5天降水量(毫米)	5.4	7.0	33.0	117.4	153.1	27.2	37.3	15.5	6.8	11.4

表 36 地膜花生与露地花生蚜虫发生情况比较

日期(月/日)	5/8	5/11	5/14	5/17	5/20	5/23	5/26	5/29	6/1	6/4
地膜花生蚜量(头)	0.2	0.2	0.6	1.2	1.7	1.7	2.1	3.2	4.3	6.2
露地花生蚜量(头)	0	1.4	2.6	4.9	6.8	6.0	16.7	19.1	21.0	22.6
日期(月/日)	6/9	6/12	6/15	6/20	6/23	6/26	6/29	7/1	7/4	7/7
地膜花生蚜量(头)	4.9	6.1	6.1	5.7	15.4	29.3	8.4	4.2	4.3	2.1
露地花生蚜量(头)	5.6	6.6	7.2	9.7	14.4	23.1	6.1	5.1	3.6	3.2

播种早(3月中旬),出苗早,加之棚膜的防虫作用和地膜的反光驱虫作用,苗期蚜虫发生轻,6月下旬收获,更无伏蚜发生。地膜栽培花生也因地膜反光驱虫作用而使苗期蚜虫发生轻。地膜春花生与露地春花生相比,蚜虫发生晚,苗期的蚜高峰推迟,蚜量少(表36),加之播种早,发育进度快,伏蚜发生时已进入结荚期至荚果成熟期,受蚜虫为害的程度轻于露地栽培的春花生。

(五)天敌的影响 据调查,花生蚜的天敌有20余种,主要是蜘蛛类和瓢虫类。其中控蚜效果明显的瓢虫有七星瓢虫和龟纹瓢虫。七星瓢虫不耐高温,是花生苗期蚜虫的重要天敌,并且七星瓢虫发生消长的规律与花生蚜同步,5月下旬至6月初,由麦田大量迁入花生田,控蚜效果显著。龟纹瓢虫发生较晚,定居时间较长,对后期蚜虫有一定的控制效果。蜘蛛类是花生田种类最多、数量最大、定居时间最长的花生蚜天敌类群。捕食花生蚜的主要种类为草间小黑蛛、黑腹狼蛛、丁纹豹蛛。苗期以黑腹狼蛛、丁纹豹蛛为主,但发生数量少,控蚜效果不明显。花生开花下针期以草间小黑蛛为主,种群数量大,但与花生蚜的后跟效果不明显,即花生蚜的高峰期并非草间小黑蛛的高峰期,因此,控蚜效果滞后,不如瓢虫明显。花生荚果期以三突花蛛、斜纹花蛛和丁纹豹蛛为主,对伏蚜有一定的控制效果。另外,花生蚜还有寄生性天敌,如寄生螨和蚜茧蜂等,但控蚜效果不明显(表37)。

五、预测预报

(一)发生期的预报

1. 田间系统调查法 根据当地花生栽培的模式,选有代表性的春花生田1~2块,每5天调查1次花生蚜的发生量,

表 37 花生蚜与天敌的关系

日期(月/日)	5/16	5/19	5/23	5/26	6/1	6/6	6/11	6/17	6/21	6/27	7/1
蚜量(头)	162	1504	1443	1667	1831	534	6	0	0	0	0
天敌(头) 七星瓢虫	0	0	0	0	4	34	7	3	0	0	0
草间小黑蛛	0	0	0	5	1	15	45	34	23	19	12
寄生螨	30	194	73	47	8	0	0	0	0	0	0
温度(℃) 前5天平均气温	18.7	22.3	20.4	19.2	21.2	22.6	24.9	26.7	25.0	22.8	24.3
前5天最高气温平均	23.9	28.3	24.8	24.0	26.2	30.1	30.4	33.5	30.8	27.1	28.4
湿度(毫米) 前5天降水量	0	1.1	6.1	5.0	22.3	2.1	5.7	1.1	0	1.2	1.5

每次每块田随机调查 30～50 穴花生,仔细查找、记录每穴花生上的有翅蚜、无翅成蚜和无翅若蚜,直到伏蚜发生结束为止。根据田间调查的结果,即可预报花生苗期有翅蚜迁入的始盛期(苗期蚜虫的防治适期)、若蚜高峰期和中后期伏蚜的始盛期(伏蚜防治适期)、高峰期。

2. 气候预报法　如花生出苗前后无阴雨天气,则花生出苗期就是花生蚜的迁入盛期,即苗期蚜虫的防治适期。如花生出苗期低温阴雨,花生蚜的迁入期就会推迟到天气转晴、气温回升后出现。在 7 月份,如出现 7～10 天连阴雨,降水量在100 毫米以上,平均气温下降到 24℃～27℃,最高气温不超过31℃,就会出现伏蚜高峰。这样的天气持续时间越长,蚜高峰期就越长。如连续 3 天平均气温在 27℃以上,最高气温在31℃以上,伏蚜高峰期会迅速消退。

(二)发生程度预报

1. 气候预报法　3 月份平均气温在 6℃以上,4 月份平均气温在 13℃以上,3～4 月份的降水量分别在 20 毫米以下,如花生出苗期及出苗后的 20 天内没有大的降水过程,平均气温在 20℃以上,则会造成花生苗期蚜虫的大发生;如有大的降水,则中等发生。3～4 月份雨水偏多,气温低于上面的标准,则花生苗期蚜虫轻发生。花生开花下针期至结荚期,降水日多、降水量大,24℃～27℃的平均气温持续时间在 7～10 天以上,最高气温在 31℃以下,会导致花生伏蚜大发生。此种天气持续时间越长,发生量越大,且蚜量上升速度快,几天内就能增长几十倍。

2. 苗期蚜虫的定量预报　将花生齐苗后 20 天内的单株最高蚜量分为三级:①轻发生:单株蚜量在 5 头以下;②中发生:单株蚜量 5.1～15 头;③大发生:单株蚜量在 15 头以上。

可根据花生播种后 15 天内的平均相对湿度以及同期内日降水 25 毫米以上的降水日数,运用以下两个方程进行发生程度预报。

方程Ⅰ:$Y = 23.5094 - 5.1180 LnX \pm 0.55$

X 为花生播种后 15 天的平均相对湿度,Y 为花生蚜的发生量,L_n 为自然对数。

方程Ⅱ:$Y = 4.5 - 0.0331X_1 - 0.6134X_2 \pm 0.58$

X_1 为花生播种后 15 天的平均相对湿度,X_2 为同期日降水 25 毫米以上的降水日数,Y 为蚜量。

六、防治技术

(一)推广保护地栽培　双膜栽培的早春菜用花生具有防蚜、避蚜的作用,蚜虫发生很轻,一般不需用药防治。地膜栽培的春花生和夏花生,苗期具有明显的反光驱蚜作用,蚜虫发生轻于露地栽培的花生,应大面积推广。

(二)保护利用天敌　花生蚜的天敌多,控制效果比较明显,在用药防治蚜虫时一定要注意保护天敌。除了避免在天敌高峰期防治外,还要选用对天敌杀伤力小的农药品种。

(三)喷药防治

1. 防治适期　花生苗期蚜虫的防治,除考虑蚜虫的直接为害外,更重要的是防止花生蚜传播病毒病,因此应掌握在有翅蚜迁入始盛期防治。只要花生出苗前后天气好,气温高,花生齐苗期就是防治适期。此时天敌尚未大量迁入,用药防治不会杀伤天敌。如果防治偏晚,不但不能保护天敌,而且还会降低对病毒病的控制效果。对花生中后期伏蚜的防治应看天气而行。如果天气预报有 7～10 天以上的连阴雨,使平均气温降低到 27℃～24℃,最高气温不超过 31℃,即可在伏蚜始盛期用药防治。如 27℃～24℃的天气不超过 5～7 天,通过高温就可控制花生蚜为害,不需用药防治。

2. 防治方法　因花生苗期蚜虫的发生期长,又能传播花生病毒病,所以,花生齐苗期防治蚜虫,应选用长效、高效、低毒的农药品种。如 30%蚜克灵可湿性粉剂、5%高效大功臣可湿性粉剂、2.5%扑虱蚜可湿性粉剂等 2 000～2 500 倍液,叶面喷雾防治,都可保持 15～20 天的防效,齐苗期 1 次用药即可控制苗期蚜虫的为害。中后期的伏蚜,可选用低毒高效的速效性农药进行防治。如 25%快杀灵乳剂、特杀灵、50%避蚜雾可湿性粉剂、50%辛硫磷乳剂等,使用浓度为 2 000 倍液,对花生基部的果针喷雾防治。

第四节　地 老 虎

地老虎是鳞翅目夜蛾科切根夜蛾亚科昆虫的总称。俗名土蚕、地蚕、切根虫。其种类多、分布广、为害重,是花生等旱作物、林果及花卉苗圃和草坪、草原的重要地下害虫。

一、优势种及分布规律

(一)优势种　我国目前鉴定的地老虎有 170 多种,为害农作物的主要有小地老虎、黄地老虎、大地老虎、白边地老虎、三叉地老虎、小麦切根虫、警纹地老虎、暗褐地老虎、八字地老虎、冬麦地老虎、显纹地老虎和宽翅地老虎等 10 多种。但发生在花生田的主要是小地老虎和黄地老虎。

(二)分布规律

1. 小地老虎　因为小地老虎是迁飞性害虫,所以,分布范围十分广阔。其踪迹遍及世界各地,是地老虎中分布最广的一种。在江河的冲积平原,农作物受害严重。如我国的黄淮海平原、华北平原及东南、西北、西南的河谷洼地等潮湿土壤地带都是小地老虎的重发生区。由于花生产区大多是比较干旱的地区,并非河谷洼地,加之小地老虎第一代幼虫的低龄期发生在春花生播种前,经过春耕整地,有效虫源很少,所以,除发生期推迟的个别年份花生田发生较重外,一般年份发生较轻。

2. 黄地老虎 黄地老虎在我国各地都有分布,但20世纪70年代以前,主要分布在西部年降水量在250毫米以下的干旱地区。如西藏、青海、甘肃等地,形成明显的黄地老虎发生区。自20世纪70年代以来,冬季气温回暖,水利条件改善,水涝地区减少,黄地老虎的发生范围逐步扩大,向东、向北推移,发生量也明显上升。在江苏、山东、河南、河北等花生产区,成为花生田地老虎的优势种。其第一代幼虫为害期正值春花生的开花至结荚初期以及夏花生的苗期,为害花生基部的幼嫩分枝,造成断枝,减少结果。一般年份植株被害率在10%左右,发生重的年份可达20%~40%。

二、形态特征

(一)小地老虎

1. 成虫 体长16~23毫米,翅展42~54毫米。额部平整,没有突起。前翅黑褐色,前缘色较深;亚基线、内横线、外横线明显,均为黑色的双线夹1条淡白线组成的波状纹,亚缘线淡白色、锯齿状;翅面从内向外各有1个棒状纹、环状纹、肾状纹,肾状纹的外侧有1条明显的尖端向外的黑色楔状纹,亚缘线内侧有2个尖端向内的黑色楔状纹,两组楔状纹尖端相对,是小地老虎成虫的重要特征。后翅灰白色,近前缘处黄褐色。

2. 卵 半球形,底部扁平,顶部隆起。卵高约0.5毫米,底宽约 0.6 毫米。卵面有纵脊和横隆线，纵脊粗于横隆线，且分为 2 叉或 3 叉。初产卵乳白色，渐变淡黄色、黄褐色，孵化前灰褐色，卵顶出现黑点。

3. 幼虫　共分 6 龄。老龄幼虫体长 37～47 毫米，头宽 3～3.5 毫米；后唇基等边三角形，颅中沟很短，额区直达颅顶，顶呈单峰；体呈略扁的圆筒形，体色较深，为黄褐色至暗褐色，有明显的灰黑色背线；体表粗糙，多皱纹，密布微小的黑色颗粒状突起。4 龄虫，颗粒状突起有大有小，相间排列；第一至第八腹节背面各有 4 个毛片，其中后方 2 个比前方 2 个大 2 倍左右；气门后方的毛片比气门大 1 倍以上；臀板黄褐色，有两条明显的深褐色纵带；臀板近基部有一列小黑点，与臀板基部连接的表皮上有明显的大颗粒状突起。1 龄幼虫前 2 对腹足、2 龄幼虫第一对腹足发育未全，爬行时弓腰似尺蠖。1～3 龄幼虫平均体长分别为 2.1 毫米、4.2 毫米、7.8 毫米左右。

4. 蛹　体长 18～24 毫米，体宽 6.5～7 毫米，体色红褐色至暗褐色。第四至第七腹节，每节前缘有 1 圈点刻，其中背面的点刻大而色深。腹部末端有 1 对臀刺。

(二)黄地老虎

1. 成虫　体长 14～19 毫米，翅展 32～43 毫米。额有钝锥形突起，中央有一陷孔。前翅黄褐色，散布小黑点，亚基线、内横线、中横线、外横线都不明显，棒状纹、环状纹和肾状纹清晰可见，并且具有黑褐色边，中央暗褐色，肾状纹的外侧及亚缘线的内侧无楔状纹。后翅白色，半透明，翅脉和前缘黄褐色。雄蛾触角顶部 1/3 线状，底部 2/3 双栉状，且底部栉齿长，顶部栉齿短。雌蛾触角线状。雄虫抱握器内突顶部较狭而弯曲，钩形突粗短。

2. 卵　半球形，底部扁平，顶部隆起。卵高 0.5 毫米左右,底宽 0.55 毫米左右。卵面有 16～20 条较粗的纵脊线,不分叉。卵初产乳白色,后变淡黄色、紫红色、灰黑色。

3. 幼虫　共分 6 龄。老龄幼虫体长 33～43 毫米,头宽 2.7～3 毫米。后唇基的底边略大于斜边,颅中沟很短或无,额区直达颅顶,呈双峰。体呈圆筒形,淡黄褐色,体表多皱纹,看不到颗粒,有光泽。每一腹节背面有 4 个毛片,大小相似。第一至第七腹节的气门小于其后方的毛片,第八腹节的气门与其后方的毛片大小相似。臀板中央有黄色纵纹,两侧各有 1 个黄褐色大斑。

4. 蛹　体长 15～20 毫米,宽 7 毫米左右。初化蛹淡黄色,后变黄褐色、深褐色,羽化前黑褐色。第四腹节背面中央有稀疏的小点刻,第五至第七腹节背面和侧面的点刻小而多,且大小相似。

三、生活史及生物学习性

(一)小地老虎　小地老虎的各个虫态都不滞育,只要温度等条件适宜,都可正常生长发育。在 25℃ 的适温下,每年可发生 6～7 代,但在同一地区不可能满足这样的条件。这是由于在低温或高温条件下种群的密度骤减,因此,只有在不同的时间和空间内通过迁飞才能完成年生活史。所以,在同一地区的自然条件下很难系统地观察到小地老虎的全部世代。气温低于 8℃ 时,生长缓慢,幼虫、蛹和成虫都可越冬。

小地老虎在我国各地发生的代数因纬度、地貌、地势的不同而不同。据南京农学院测定,小地老虎全世代的发育起点温度为 11.84℃,有效积温为 504 日℃(张孝羲,1979)。各地可将当地全年的有效积温计算出来,除以小地老虎完成 1 个世代所需要的有效积温值,即可得到该地小地老虎 1 年内发生的理论世代数。经各地检验,这种测定与实际发生的世代数基本相符。苏北、皖北、鄂北、山东、河南、河北、北京、天津等花生产区每年发生 4 代,上海、江苏南部、四川、湖南、浙江等地每年发生 5 代,广东、广西、台湾、福建等省区每年发生 6~7 代,甘肃、山西、宁夏、辽宁等地每年发生 3~4 代,新疆、内蒙古、吉林、黑龙江等地每年发生 2 代。对于同一省份甚至同一地区,往往因为高山、低谷的影响,发生代数相差很大,如云南境内第二至第五代区都有。同样,在同一纬度上的各省区,也因西高东低的影响,使西部的年发生代数比东部少 1~2 代。不论各地年发生的代数多少,均以第一代发生的数量最大,花生等春播作物和苗木受害严重。其次是第二代,为害夏花生等夏播作物幼苗。从第二代起因气温升高,发生量骤减。

在苏北、山东、河南、河北的花生产区,迁入代蛾的迁入期为 3 月下旬至 4 月下旬,一般当日平均气温升达 5℃时开始见蛾,10℃以上时进入发蛾盛期。由于受阴雨、降温的影响,往往 1 年有 2~3 个发蛾高峰,第一蛾峰在 3 月中下旬,第二蛾峰在 4 月上中旬,第三蛾峰在 4 月下旬。有的年份,5 月上旬还有 1 个小蛾峰。同样,第一代幼虫的为害高峰期也有 2~3个,分别在 4 月中下旬,4 月下旬至 5 月中旬,5 月下旬至 6 月下旬。

1. 成 虫

(1)活动节律:和黄地老虎一样,小地老虎蛾的羽化、飞翔、取食、交配、产卵等活动多在夜间进行。18 时 30 分至凌晨 2 时羽化的蛾量占 70% 以上。成虫夜间的飞翔、取食、交配、产卵等先后有 3 个活动高峰:第一高峰在 20 时 30 分前后,主要是寻找蜜源植物补充营养;第二高峰在午夜前后,主要是交配和产卵活动;第三高峰在黎明前,再次寻找蜜源取食并寻找隐藏场所。

（2）趋光性：小地老虎蛾有明显的趋光性，扑灯时间从日落后 1.5 小时开始，20 时后蛾量增多，直到凌晨 2 时才逐渐减少，4 时以后不再扑灯。在实践中发现，小地老虎的趋光性受气温、月光明亮程度和蜜源的影响。早春气温在 15℃ 以下时灯诱效果很差；10℃ 以下诱不到蛾子；18℃ 以上，蜜源丰富时，黑光灯、白炽灯和诱蛾盆内的诱蛾量明显减少，但镓钴灯的诱蛾量不减，且出现明显的蛾高峰。

（3）补充营养习性和趋化性：小地老虎蛾羽化后不久即能取食糖水和花蜜，有明显的趋食糖、蜜源补充营养的习性。特别是在长时间飞行后表现出强烈的取食欲望。早春蜜源植物稀少时，常飞到有蚜虫的植物枝叶上取食蚜虫的蜜露，或大量地聚集到糖醋诱蛾盆内取食糖醋液。因此，可以设置糖醋诱蛾盆进行发生期预报。

（4）迁飞：我国的科学工作者在 20 世纪 60 年代就发现了小地老虎在春季与迁飞性害虫粘虫同步发生的现象，并于 20 世纪 70 年代结合研究稻飞虱和稻纵卷叶螟的迁飞性，采用海上、高空捕蛾法及标记释放和回收的方法直接证明了小地老虎蛾的迁飞性。从而多方面地论证了小地老虎是一种迁飞性害虫，并具有以下 5 个方面的特点：

第一，明显的大范围突增、突减现象。发生小地老虎的大部分地区根本查不到小地老虎的越冬残虫，或越冬虫量很少，但早春能在大范围内发生大量的与粘虫同步发生的越冬代小地老虎蛾。第一代幼虫的发生和为害也很严重，而第二代幼虫的发生量又突然消失或大幅度减少。

第二，迁入地蛾的卵巢已达成熟阶段。迁出地小地老虎蛾的卵巢多处于未成熟阶段，通过长距离迁飞，卵巢才逐渐成熟。因此，迁入某地时，卵巢大多已经成熟，交配率也已经达到70％以上，不少蛾子已交配数次。

第三，1代重发性。小地老虎越冬代蛾迁入一个地区后，繁殖1代，大多数又迁到另一地区繁殖，表现出明显的1代重发性。

第四，迁飞具有方向性。从早春开始，随着南方气温的升高，小地老虎蛾总是从南方逐渐向北方迁移繁殖。到了秋季，随着气温的逐步降低，又从北方迁向南方越冬或繁殖。小地老虎不仅可以南北方向水平迁飞，而且可以东西方向水平迁飞，还可以在同一地区从低海拔的山谷迁向高海拔的山地。

第五，迁飞与气象因素有密切关系。通过对迁入地越冬代蛾高峰出现的次数及蛾高峰出现时的天气情况的综合分析，发现迁入地小地老虎越冬代每个蛾高峰前，高空和地面多为西南气流控制，为输送南方虫源创造了有利条件。蛾峰出现时又常为下降气流或降水天气，由南方输入的虫源随降水和下沉气流迫降，地面出现蛾峰。当再遇冷空气入侵，并出现峰面降水天气时，又使新输入的蛾子降落，再次出现蛾高峰。因此，迁入地小地老虎越冬代蛾的迁入峰次往往与当地的峰面降水天气吻合。

根据标记释放回收的研究结果，认为迁飞过程中迁出区的风速较大，能够迫使蛾子起飞后进入中空或低空，再随着南风或西南风往北迁飞，当中途风向转为南或东南时，小地老虎也随之转变迁飞方向。就这样，随着中空或低空的风速携带、推动与运输，顺着空气的水平运动方向作曲线飞行。

据实验观察，小地老虎的飞行受气温的影响很大，当气温低于8℃时一般不飞行；在飞行过程中，遇到低温（0℃左右）也会停止飞行。从各迁入区越冬代蛾的发生期与气温的关系分析,始见期、始盛期、高峰期的日平均气温分别为 5℃,8℃和 10℃,说明地面日平均气温 5℃ 区是小地老虎向北迁飞的临界区,随着北方气温的逐步回升而逐步从南向北迁飞繁殖。

从迁出区迁出蛾的卵巢处于幼嫩期、迁入区迁入蛾的卵巢发育大多进入成熟期的现象分析,小地老虎在迁飞过程中,下沉气流和低温是迫使其降落的外界条件,而性成熟引起的强烈性冲动是迫使其降落、进行交配产卵的内在条件。

(5)交配与产卵:小地老虎蛾的交配受性冲动的激发,产卵器的伸出作为雌蛾性冲动的表现。蛾龄 3～4 天的每夜性冲动的次数最多,召唤雄蛾交配的能力最强,交配现象也最频繁,交配 1～2 次的最多,少数 3 次,个别的 4 次。蛾龄 4 天后开始产卵时召唤力逐步下降,6～7 天后进入产卵盛期,交配逐步停止。雌蛾怀卵量 3 000 粒左右,平均产卵量在 2 000 粒左右。卵散产,成虫可一边取食、一边产卵。所以,在小地老虎蛾发生期内,靠近蜜源植物的地块落卵量大。

小地老虎蛾有明显的产卵地点选择性,在有杂草和农作物或苗圃的田块内,卵主要产在杂草、作物或苗木叶片的背面,且叶面粗糙、绒毛多的杂草和作物上落卵量大,如婆婆纳、苍耳、苘麻、刺耳菜、小旋花、蓼、灰菜、芝麻、棉花、花生、马铃薯、烟草、小白菜及豆类作物等。在无苗、无草的白茬地内,卵则产在土表、土缝内、土块及作物根茬和干草棒上。并且发现,无论在有苗有草的田块,还是无苗无草的白茬地内,摩擦起毛的麻袋片、棕丝把、金属筛网和塑料网纱都有显著的诱蛾产卵的作用,可以用作产卵进度的预测预报。

(6)寿命:小地老虎蛾羽化的最低温度是 13℃,低于 13℃不羽化。雌蛾产卵前期的发育起点温度为 12.4℃,有效积温为 48.93 日℃(张孝羲,1979)。寿命的长短与温度、代次及蜜源植物的多少有关,一般蜜源植物多、食料丰富、温度适宜,小地老虎蛾的寿命长;蜜源少、温度高,寿命短。因此,越冬代蛾的寿命长,一般在 10~12 天;其他代次 7~9 天。

2. 卵 卵的发育起点温度在 8℃左右,有效积温在 70 日℃左右。江苏、山东、河南、河北等花生产区,因越冬代蛾的发生期拉得长,蛾峰多,温度变化大,所以 1 代卵的平均历期相差大,前期卵 15~20 天、中期卵 9~11 天、后期卵 5~8 天。

3. 幼 虫

(1)发育起点温度及历期:小地老虎幼虫的发育起点温度为 11.3℃,有效积温为 282.18 日℃。各龄幼虫的历期因温度的不同而不同,在苏北、山东、河南、河北的花生产区,1 代幼虫的历期在 30 天左右。

(2)孵化与蜕皮:幼虫咬破卵壳而孵化,并食去大部分卵壳,补充营养后进入为害期。各龄幼虫蜕皮前停食 1~2 天,排空肠道中的粪便,随着新表皮的形成和旧表皮的逐步被吸收,体色逐步变淡发亮。临蜕皮前,新表皮内的色素又开始沉积,体色又逐步变深。临蜕皮时,虫体伸直,停止活动,然后头部从蜕裂缝处伸出,并逐步前伸,旧表皮向后脱去。头壳在蜕皮后数分钟内迅速扩大,2 小时左右完成暗化与鞣化。

(3)为害特点:小地老虎 1~2 龄幼虫有明显的正趋光性,3 龄起逐步转向负趋光性,4~6 龄的负趋光性特别明显。所以,3 龄以前不入土,爬到杂草或花生的心叶内、嫩头上取食为害。3 龄后潜入土下为害花生的根部,或夜间出土,咬断近地面的花生分枝,甚至拖入土下取食。小地老虎白天和夜间都可取食为害,但以夜间为害为主。取食量以 6 龄时最大,占总食量的 75%,4 龄和 5 龄分别占 5% 和 15% 左右,1~3 龄幼虫只占 5% 左右。小地老虎为害花生的特点主要有以下几种：

第一,啃食种芽。为害未出苗花生的子叶和生长点,使花生不能出苗。

第二,切断根茎。从茎基部咬断刚出土的花生幼苗,使幼苗枯死。

第三,取食叶肉。3龄前的幼虫潜居在花生幼苗的心叶内或底部分枝的嫩头上啃食幼叶的叶肉,仅留表皮。

第四,咬断分枝。3龄后的幼虫取食花生幼嫩的分枝,并从分枝的基部咬断,有的拖入土中取食,有的掉在花生垄沟内。播种深的花生受害重,被咬断的分枝多。

第五,剥食表皮。在调查中发现,小地老虎幼虫也有剥食花生茎基部表皮的习性,但造成死苗的不多。

(4)趋性:小地老虎幼虫对泡桐叶有较强的趋性。天黑前在田间放置新鲜的泡桐叶片,夜间可诱集到地老虎幼虫,早上集中消灭。

(5)耐饥性和自残性:小地老虎的初孵幼虫有较强的耐饥能力,可以忍耐1～3天的饥饿。如孵化时取食卵壳充饥,耐饥时间可达3天以上。小地老虎幼虫3龄起有明显的自相残杀习性,5～6龄这种习性最强,同穴花生很少查到2头以上的高龄幼虫。

(6)假死性和迁移性:幼虫有假死性,受惊动即蜷缩呈环状。高龄幼虫在食料不足时有迁移为害的习性。

(7)越冬:因为小地老虎无滞育的习性,不能渡过北方寒冷的冬季,所以在我国大部分地区都无小地老虎越冬的虫源。据各地的调查结果,1月份平均气温0℃为小地老虎能否越冬的临界温度线,在小于0℃的地区不能越冬。这条0℃等温线位于北纬33°,相当于白龙江—秦岭—淮河一线。即淮河以北的地区不能越冬；淮河以南、长江以北的江淮地区，1月份平均气温在 0℃～4℃，有极少数小地老虎越冬；在长江以南、南岭以北的地区，1月份平均气温在 4℃以上，小地老虎能够安全越冬，但越冬虫量较低，不造成为害；在南岭以南，1月份平均气温高于 8℃的地区，小地老虎在冬季能正常生长、繁殖与为害，虫量大、为害重。因此，南岭以南的地区是我国其他地区第一代小地老虎的主要虫源地。

4. 蛹　小地老虎老熟幼虫选择比较干燥的土层做土室进入预蛹期。这时的幼虫停止取食，虫体收缩，当体内的食物及粪便排空后、体色变淡、呈半透明时，即要化蛹。预蛹期因环境温度的不同而不同，一般 2～3 天。据有关学者报道，小地老虎蛹的发育起点温度为 10℃～11℃，有效积温在 190 日℃左右。第一代蛹的历期为 15 天左右。蛹有一定的耐淹能力，在前期即使淹水数日，也能羽化；但在蛹的后期、成虫即将羽化时，淹水则容易死亡。

（二）黄地老虎　黄地老虎在福建等地 1 月份 10℃等温线以南无越冬现象的地区每年发生 5 代，甚至 5 代以上。江苏、安徽、山东、河南、河北、北京、天津等花生产区每年发生 3～4 代，在甘肃、陕北及晋北等地每年发生 2～3 代。在西部地区，大多以老龄幼虫越冬；在东部各省则无严格的越冬虫态。每年的越冬虫态因气候和末代发育进度的不同而不同，但大都以 3 龄以上的高龄幼虫越冬，个别年份以蛹或 3 龄以下低龄幼虫越冬的比例较大。在西部地区，第一、二两代为害均较重。而在东部地区则以第一代为害为主，其次是越冬代，其他各代因高温的影响，虫量很少。特别是花生产区，为害春、夏花生的只是第一代。由于黄地老虎各代、各虫态的发育进度不整齐，致使世代重叠现象明显，各世代的发蛾高峰期也不够集中。在江苏、山东、河南、河北等花生主产区,越冬代黄地老虎3月下旬至4月中下旬化蛹,4月中旬至5月中旬为发蛾期,蛾高峰期在5月上旬,卵高峰也在5月上旬。个别年份在5月中下旬还有一个发蛾高峰。第一代幼虫的为害盛期在5月中旬至6月下旬。

1. 成 虫

(1)活动节律:黄地老虎蛾的羽化、飞翔、取食、交配、产卵等活动多在夜间进行,白天则隐藏在土块下、土缝内、叶丛中等隐蔽处。黄昏后开始活动,20时30分前后、午夜前后和黎明前各有1次活动高峰。

(2)趋光性:黄地老虎蛾的趋光性较明显,特别对黑光灯和双波灯光的趋性较强。但在越冬代蛾的发生期内,往往因为气温低而使上灯量减少,蛾高峰不太明显。因此,用灯光预测越冬代黄地老虎蛾的发生期不够准确。

(3)补充营养习性和趋化性:黄地老虎蛾有趋大葱、洋葱、油菜、紫穗槐、刺槐等蜜源植物取食花蜜补充营养的习性,且雌雄蛾取食的时间有所差别。雌蛾取食高峰集中在午夜前后和凌晨3时左右,而雄蛾取食速度则整夜变化不大。通过多年的应用观察,糖醋诱蛾盆和新鲜半干的槐树枝能够诱集到较多的黄地老虎蛾,可用于测报。

(4)产卵习性:成虫羽化后经3天左右时间的取食补充营养和交配后即可产卵。卵大多散产,少数堆产。单雌产卵量与蜜源植物和温度有关,一般为500~800粒,高的可达1 000粒以上。同小地老虎一样,黄地老虎有明显的产卵地点选择性,也有趋粗糙的物体产卵的习性,田内无苗无草时,就产在刚耕耙过的土地的表面和枯草根或作物的根茬上;有苗有草时,也是趋叶面粗糙或绒毛多的作物或杂草产卵,卵多产在叶片的背面。也可用粗糙、起毛的麻袋片或塑料网纱、呢绒碎片诱蛾产卵,进行测报。

(5)寿命:不同温度和不同代次的黄地老虎蛾的寿命不同。越冬代蛾的寿命为5~10天;第一代为6~8天;第三代为10天左右;第二代寿命最短,为4~5天。

2. 卵 卵的发育起点温度为9℃~10℃,有效积温在78日℃左右。江苏、山东、河南、河北等花生产区,5月中下旬平均气温在19℃~20℃时,第一代卵的平均历期为7~9天。

3. 幼 虫

(1)发育起点温度及历期:黄地老虎幼虫共有6龄,少数7龄。发育起点温度为9℃~10℃,有效积温为370日℃左右。越冬代幼虫期150天左右,为害花生的第一代幼虫历期因各地气温的不同而不同。在苏北、山东及河南、河北的花生产区为35天左右。

(2)为害习性:黄地老虎幼虫多于黄昏时孵化,初孵幼虫至3龄前不入土,潜伏在杂草或花生底部幼嫩分枝的心叶内为害,啃食叶肉,留下一面表皮,在叶面形成一个个透明小窗孔;虫龄稍大时,则将叶面吃成小孔洞。3龄后,潜入土中活动取食,咬断花生基部的果枝,夜间出土转移为害。据观察,黄地老虎幼虫对泡桐叶有一定的趋性,天黑前将新鲜的泡桐叶放置在田间,第二天早上即可在泡桐叶下捕获到地老虎幼虫,可作为农业防治措施应用。

(3)越冬:当12月中下旬平均气温下降到2℃时,幼虫进入越冬期。越冬幼虫的过冷却点为-25℃,老熟幼虫能耐-19℃的低温。在寒冷地区,高龄幼虫可以安全过冬。据报道,在西藏,越冬老熟幼虫能在冻土层内存活(孔常兴,1985)。

4. 蛹 越冬幼虫于春季化蛹,发育起点温度为10℃。化蛹进度受越冬虫龄整齐度和温度的影响,在我国西北部地区,大都以老熟幼虫越冬,春季的化蛹进度就比较整齐,自 3 月下旬至 4 月上旬,化蛹期只有 10 天左右。而在江苏、山东、河南、河北等花生产区,由于越冬的虫龄不整齐,致使春季化蛹期拉得长,且年度间不尽一致,从 3 月中旬至 4 月上中旬,长达 20～30 天不等。由于气温变化大,蛹的历期也长短不一,一般情况下,越冬代 20 天左右,第一、二代 10 天左右,第三代 15 天左右。

四、第一代发生特点及影响发生因素

在我国大部分地区,无论是小地老虎,还是黄地老虎,均以第一代幼虫发生量最大,为害最重,历来都是测报和防治的重点。因此,掌握第一代幼虫的发生特点和影响因素,对正确指导测报和大田防治有重要意义。

(一)小地老虎

1. 越冬代蛾 第一代幼虫是由南方迁入的越冬代蛾产卵孵出的。越冬代蛾迁入的早晚以及迁入量的大小,直接影响第一代幼虫发生的早晚及发生量的大小。

(1)发蛾高峰多:由于南方小地老虎的越冬范围广、面积大,生态环境复杂多样,春季蛾的羽化进度早晚不一,所以,迁飞到北方的越冬代蛾也就有早有晚,形成多个发蛾高峰。

(2)发蛾期长:一般在 2 月上中旬南方的蛾子大量羽化,2 月下旬至 3 月上中旬各地开始出现迁入的蛾峰。随着南方虫源的不断向北迁飞和迁入地降水天气或下沉气流的形成,从 2 月下旬到 5 月中旬,常常会出现 3～5 个发蛾高峰,发蛾期长达 3 个月。2 月份的越冬代蛾大多来自北纬 20°附近的地区(包括两广及云贵以南的地区),3 月份的越冬代蛾来自北

纬25°附近的地区（主要在南岭以南），4月份的蛾则来自长江以南的广大越冬地区。

(3)主蛾峰比较明显：尽管小地老虎越冬代蛾的发蛾期长、蛾峰多，但主蛾峰明显，江苏、山东、河南、河北等花生产区主要集中在3月中下旬至4月上中旬。

(4)年度间迁入蛾量差异大：各地年度间越冬代小地老虎蛾的迁入量差异很大，主要影响因素是迁出地的虫量和迁入地的气候条件。

第一，迁出地的影响。如冬季南方的虫源范围广、面积大、防治面积小、残虫量高，即提供的越冬代蛾量大，迁入到北方各地的蛾量就多，发生量就大。否则，迁入的蛾量少，发生量小。

第二，迁入地的影响。①温度的影响：在越冬代蛾的发蛾期间，温度影响蛾的迁入和发蛾高峰的出现。一般在日平均气温5℃以上始见，8℃以上进入盛蛾期，10℃以上出现高峰。10℃也是冬小麦拔节的生物学温度，因此，冬小麦进入拔节期，小地老虎进入发蛾高峰期。苏北、山东、河南等地大约在3月中旬。②降水及气流的影响：在温度适宜的情况下，如发蛾期间降水次数多或出现下沉气流的次数多，则迁入的蛾峰就多，迁入的蛾量就大，当年的第一代地老虎为害就重。如一直干旱无雨，缺乏下沉气流，则无明显的蛾峰出现，当年的小地老虎发生就轻。如降水期推迟，则迁入的蛾峰也推迟，当年小地老虎的发生为害期也随着推迟。

2. 第一代卵　在江苏、山东、河南、河北等花生产区，3月中下旬在田间初见卵，4月上中旬为产卵盛期，4月底至5月初绝迹。个别年份，因发蛾期间一直干旱无雨，直到5月上旬才出现大的降水过程，也才有迁入的蛾峰出现，所以产卵期也推迟到 5 月上中旬。第一代卵量的大小直接决定第一代幼虫的发生为害程度。关键的因素有 2 个方面：

(1)迁入的蛾量：迁入的蛾量越多，则落卵量越多。

(2)迁入地的大田环境：①地貌情况：在发蛾期间，杂草多的田块、有冬绿肥的田块、早春作物出苗的田块以及杂草多的麦田落卵量大，特别是上一年秋季积过水、又未耕种、杂草丛生的地块，落卵量最大。无苗无草的田块，如在发蛾期内耕耙过，土表粗糙，落卵量也较大，未耕耙的地块则卵量少。②土壤湿度：小地老虎对土壤的湿度要求较高，喜欢在土壤湿润的田块产卵。因此，过水洼地、沿河两岸和公路、铁路两侧的低洼地以及夜潮地的卵量大。由于第一代发生区的越冬代蛾的迁入高峰和降水过程相吻合，所以一般田块的土壤湿度都能满足产卵的要求。

3. 第一代幼虫 小地老虎的早期卵在 4 月初开始孵化，但田间缺乏食料，气温偏低，幼虫的死亡率高，成活的很少。据观察，小地老虎幼虫在 12℃ 以下不能正常生长，低于 0℃ 则大量死亡；4 月中下旬随着主峰卵的大量孵化，田间幼虫量猛增，4 月底至 5 月初达虫量高峰，此时田间春播作物及杂草丰富，食料充足，幼虫成活率高，是为害春播作物的主要虫源；5 月上中旬幼虫大多进入 4～5 龄期，食量大增，达为害高峰期；5 月上中旬后，田间虫量明显下降，但为害期一直延续到 5 月下旬至 6 月上旬。晚发年份，4 月底至 5 月上旬的末峰蛾所产的卵，孵化率和幼虫成活率都高，也形成主要的为害虫源，为害期可延续到 6 月下旬。

(二)黄地老虎 第一代黄地老虎幼虫的发生为害程度取决于越冬代黄地老虎蛾的发生量，而越冬代蛾的发生量又取决于幼虫的越冬基数。越冬幼虫在早春仍可上升为害越冬作物,当 3 月中旬,平均气温上升到 10℃以上时陆续开始化蛹。越冬代蛾 4 月上中旬始见,4 月下旬进入发蛾盛期,5 月下旬至 6 月上旬终见,但蛾高峰期在 5 月上旬。由于第一代黄地老虎的发生期比小地老虎晚 1 个月,产卵和幼虫的孵化都在 5 月份,温度适宜,花生等春播作物已经出苗,所以,影响第一代黄地老虎发生为害的主要因素有 3 个方面:

1. 越冬基数 上一年末代幼虫发生量大,越冬幼虫基数高,下一年第一代幼虫就可能大发生。如越冬基数小就不可能大发生。

2. 冬季温度 如冬季气温偏高,越冬幼虫死亡率低,冬后残虫量高,越冬代蛾发生量大,第一代幼虫就可能大发生。否则轻发生。

3. 田间杂草及蜜源植物 紫云英、苕子、苜蓿等绿肥作物及油菜等十字花科作物面积大,蜜源丰富,为黄地老虎越冬代蛾取食补充营养、增加产卵量提供有利条件。因此蜜源植物多的地区或靠近蜜源植物的田块落卵量高,为害重。黄地老虎蛾对产卵地点有选择性,杂草多的地块发生重。

五、预测预报

(一)发生期预报

1. 小地老虎

(1)设置糖、醋、酒混合液诱蛾盆诱测:

第一,诱测发蛾高峰期。小地老虎越冬代蛾的发蛾期间气温较低,上灯量少,不能用灯光诱测发生进度。而用糖、醋、酒的混合液设置诱蛾盆的诱测效果非常明显,且简单易行。具体方法是:自 2 月 1 日开始,直到 4 月底至 5 月初越冬代蛾终见为止,选冬闲田和麦田各 1 块,每块田放置糖醋酒液诱蛾盆 1

个,盆高 1 米,两盆间隔 500 米。傍晚放入田间,打开盖子,早上收回,捡出诱到的蛾子,分雌雄记载,并将盆盖盖好。每盆诱蛾液逢五增添半量,逢十全部更换。每次配制诱蛾液的糖、醋、酒、水的比例一定要相同。每盆诱液的配方是:红糖 0.375 千克,醋 0.5 千克,60°白酒 0.125 升,水 0.25 升,另加 90% 晶体敌百虫 10 克或 50% 辛硫磷 10 毫升。当诱到的雌蛾比例占 10% 左右时,表示越冬代蛾进入盛发期;诱到的雌蛾最多的一天或在一段时期内最多的一天就是发蛾高峰期。

第二,预报产卵高峰期。其计算公式为:

产卵高峰期(田间锄草灭卵期)=蛾高峰期 + 产卵前期(3～4 天)

第三,预报幼虫防治适期。其计算公式为:

幼虫防治适期(2 龄幼虫高峰期)=产卵高峰期 + 卵历期 +1 龄幼虫历期 = 产卵高峰期 + 25～30 天(苏北、山东、河南、河北)

因越冬代蛾高峰常有 3 个,所以要防治 3 次。1,2,3 蛾峰期分别加上 30 天,28 天,25 天,即是 3 次幼虫的防治适期。

(2)田间放置起毛麻袋片诱测:诱测产卵进度,验证产卵高峰期和幼虫防治适期。方法是:当诱蛾盆诱到的雌蛾比例达 10% 时开始,选春播作物田 2～3 块,每块田放置 3～5 片起毛的麻袋片,间隔 10 米,并在麻袋片的四角各插 1 根木桩,防止被风吹动。为比较不同类型田的落卵量,麻袋片的大小要相同,一般为 30 厘米×30 厘米。每隔 2 天查 1 次麻袋片上的落卵量,即可测得产卵高峰期。也可插放干细草根诱测产卵进度,结合春耕在田间拾取干细草根,扎成大小一致、一头扎紧、另一头松散的草把,用小树棒固定后插入田间,每块田插放 10 把,间隔 10 米,也是隔 2 天查 1 次卵量。根据产卵高峰期和当时的气温情况,加上卵期和1龄幼虫历期,为2龄幼虫高峰期,即幼虫防治适期。

2. 黄地老虎

(1)调查预报法:调查越冬代的化蛹进度,预报越冬代蛾、第一代卵及幼虫防治适期。从常年越冬幼虫的化蛹始期开始,选冬前和冬后发生量大、为害重的田块2~3块,每5天调查1次化蛹进度,每次调查的虫量不得低于30头,当化蛹率达到30%,50%和80%时,分别为黄地老虎越冬代幼虫的化蛹始盛期、高峰期和盛末期。由于越冬幼虫的虫龄不一致,加上春季气温的不稳定,往往有2~3个化蛹高峰。其越冬代蛾高峰期、第一代卵高峰期和第一代幼虫防治适期的计算公式分别为:

越冬代蛾高峰期 = 化蛹高峰期 + 蛹历期(20天左右)

第一代卵高峰期 = 越冬代蛾高峰期 + 产卵前期(2~3天)

第一代幼虫防治适期 = 第一代卵高峰期 + 卵历期(5~7天) + 1龄幼虫历期(4~5天)

因有2~3个化蛹高峰,所以就有2~3个卵高峰,幼虫的防治也应进行2~3次。

(2)灯光诱测法:设置镓钴灯或350纳米的双波灯,诱测越冬代蛾的发生期,预报第一代卵高峰和幼虫防治适期。在黄地老虎发蛾高峰期内,正是刺槐等蜜源植物的盛花期,用糖、醋、酒的混合液诱蛾和一般的灯光诱蛾效果都不太准确,而改用镓钴灯(胡淼,1980)或350纳米的双波灯光(刘立春,1982),则诱蛾效果非常明显,可以用于黄地老虎越冬代蛾的发生期测报。根据灯下的蛾峰期和上面介绍的产卵前期、卵期、1龄幼虫期,即可预报第一代卵高峰期和幼虫防治适期。

（3）田间放置起毛麻袋片诱测：诱测产卵进度，预报幼虫防治适期。具体方法同小地老虎。

（二）发生程度预报　发生程度的预报是根据虫源的多少、适宜地老虎为害的作物面积以及气候情况综合分析的结果。这一预报必须要有 5 年以上的系统调查资料作依据。因此，发生程度的预报是在总结多年实践经验的基础上对未来趋势的估计和判断，实践经验越丰富，年度间的调查资料越有可比性，预报得就越准确。

1. 小地老虎

（1）中期预报：根据春季 3 月底之前的蛾量预报第一代幼虫的发生程度。经各地多年的实践验证，春季 3 月底之前平均单盆诱蛾量与第一代幼虫的发生量呈极显著的正相关关系。单盆诱蛾量越大，幼虫发生量就越大。只要每年诱蛾盆的设置时间和位置固定，并有 5 年以上的诱蛾量和 2 龄幼虫高峰期大田幼虫密度的系统资料，就可进行相关回归分析，建立预报方程。如江苏省泗洪县植保站建立的方程为：

$$Y = 0.0027 X — 0.006 \quad r = 0.857$$

X 为 3 月底以前的单盆平均诱蛾量，Y 为 2 龄期大田平均虫量（头/平方米），r 为相关系数。

泗洪县并建立了中期预报模式（表 38）。

表 38　小地老虎发生量中期预报指标模式

预报依据	轻发生	中发生	大发生
3 月底前蛾量（头/盆）	≤199	200～650	≥651
2 龄期幼虫密度（头/米²）	≤0.5	0.6～1.5	≥1.6

（2）利用气候因素预报：利用 4 月份雨量对数及日平均相对湿度预报第一代幼虫发生程度（表 39）。

表 39　利用气候因素预报第一代小地老虎幼虫发生程度

预报依据	轻发生	中发生	大发生
4月份雨量对数(lgx)	≤1.57	1.58～1.85	>1.85
4月份日平均相对湿度(%)	≤62	63～71	>71

　　(3)普查幼虫发生量,验证发生程度,确定防治对象田:于1龄幼虫盛末期选择有代表性的花生田和其他春播作物田,每块田取样5点,每点0.11平方米,从点的一角开始,一点点地查找土块、土表、土缝、枯草根须、枯草棒以及杂草和作物苗上的卵粒数、卵壳数、幼虫数,分别统计孵化率、各级卵和各龄幼虫的百分率,计算每平方米的虫量,确定发生程度和防治对象田,指导大田防治。预报参考指标详见表40,表41,表42。

表 40　小地老虎卵的分级与不同温度下孵化的天数

卵的分级	卵色	不同温度下孵化的天数　(天)	
		15℃	18℃
Ⅰ	乳白	11.0	7.8
Ⅱ	米黄	8.5	7.0
Ⅲ	浅红斑	6.0	5.5
Ⅳ	红紫	3.0	2.3
Ⅴ	灰黑	1.0	0.5

表 41　苏北、鲁南地区小地老虎田间卵期观察

产卵日期 (月/日)	3/5	3/14	3/20	3/26	3/30	4/5	4/8	4/15	4/20	4/22
卵发育期 平均气温 (℃)	12.8	12.6	15.4	12.2	15.4	14.7	18.4	19.8	22.0	20.4
卵期(天)	27.6	20.2	18.8	16.8	11.2	8.8	7.3	6.3	6.4	6.5

表 42　小地老虎卵及各龄幼虫发育起点温度和有效积温

项　目	卵	幼　　　虫					
		1 龄	2 龄	3 龄	4 龄	5 龄	6 龄
起点温度(℃)	8.47	9.27	10.11	11.39	12.69	10.71	14.04
有效积温(日℃)	69.39	47.81	31.96	27.50	42.89	42.25	89.77

2. 黄地老虎

(1)调查越冬基数,预报第一代幼虫发生程度:第一代黄地老虎的发生程度主要取决于当地越冬代虫量的大小,越冬虫量越大,发生量就越大。3月中下旬至4月上旬,选有代表性的越冬作物田 20～30 块,每块田调查 5 点,每点 1 平方米,仔细扒查点内黄地老虎的虫量,平均每平方米有虫 0.5 头以上、0.2～0.5 头、0.2 头以下,分别为大发生、中发生和轻发生的虫源基数。

(2)根据越冬基数及越冬代蛾羽化期内降水情况确定第一代幼虫发生程度:如越冬虫量和大发生年、中等发生年、轻发生年的越冬虫量相近,越冬代蛾的羽化期内有明显的降水过程,土壤湿度适宜,羽化的黄地老虎蛾能正常出土,则可确定为大发生年、中发生年或轻发生年;如越冬代蛾羽化期内一直干旱无雨,土壤板结,使羽化的蛾子不能正常出土,则可定为中发生、轻发生、轻微发生。

（3）普查第一代幼虫发生量，验证发生程度，确定防治对象田：方法同小地老虎。

六、综合防治技术

（一）农业防治

1. 清除田间杂草　杂草是地老虎的产卵寄主，也是初龄幼虫的主要食料来源，在花生播种前，结合耙地保墒，精细整地，清除田间杂草和作物根茬，可以消灭大量的地老虎卵及幼虫。在花生播种后及时喷施除草剂（详见第三章），消灭苗期杂草，可以大大减轻地老虎的发生量。

2. 推广保护地栽培　实践证明，春花生实行双膜栽培和地膜栽培，不但是花生早熟高产的重要措施，而且在花生播后出苗前，地面被地膜覆盖，不适宜地老虎产卵；花生出苗后，由于膜孔很小，大部分地面仍被地膜覆盖，并且田间无杂草，所以地老虎发生轻。特别是双膜栽培的花生，在小地老虎发生期内，夜间都被棚膜封闭，地老虎蛾不能进棚产卵，所以无小地老虎发生；在黄地老虎发生期内，虽棚膜已拆掉，但地面有地膜覆盖，加之花生基部的茎、枝已经老化，不利于幼虫为害，因此黄地老虎发生也轻。

3. 人工灭虫　根据地老虎 3 龄后为害造成掉枝的特点，可于掉枝初期将掉枝花生穴内的地老虎幼虫扒出杀死。

（二）化学防治

1. 播种期防治　用 50％甲胺磷乳剂 50 毫升，加水 1 升，匀拌花生种仁 15 千克（667 平方米地用种），拌后花生种仁吸干表面水分即可播种。药效期长达 25 天，不但可以控制小地老虎的为害，而且对黄地老虎也有良好的防治效果，并且可以兼治金针虫、蛴螬、蝼蛄、蚁、鼠、兽的为害。

2. 生长期防治

(1)防治适期：生长期防治地老虎幼虫的适期是 2 龄幼虫盛期，即 1，2 龄幼虫占 70%左右，其中 2 龄幼虫占 40%左右。此时正值花生被害的掉枝初期。

(2)防治指标：花生田地老虎的防治指标是百穴有虫 5～8 头，或花生被害掉枝穴率达 5%～8%时立即用药防治。

(3)防治方法：

第一，喷药防治。每 667 平方米用 5%高效大功臣可湿性粉剂 10～20 克或 10%安绿宝乳油、2.5%敌杀死乳油、20%速灭杀丁乳油、2.5%功夫乳油等 20～30 毫升，或 25%快杀灵乳剂 25～30 毫升，或 50%辛硫磷乳剂 50 毫升，加水 30～40 升用手压喷雾器，或加水 10 升用机动弥雾机，对花生基部喷施。

第二，毒土、毒沙防治。每 667 平方米用 50%辛硫磷乳剂 150 毫升，加水适量，喷拌干细土 20～25 千克或细沙 40～50 千克，也可用烟叶末 0.5 千克拌细土 25 千克或细沙 50 千克，于傍晚顺垄撒施在花生根部周围。

第三，毒饵、毒草诱杀。当错过防治适期、虫龄已大、田间普遍出现为害时，可用毒草、毒饵诱杀法补救。每 667 平方米用 50%辛硫磷 50 毫升或上述菊酯类农药 10 毫升，加水 3 升，喷拌在 25 千克切碎的鲜青草上，再拌炒香的麦麸 2～3 千克，也可喷拌在 25 千克碾碎的香油渣上，制成毒草或毒饵，于傍晚顺垄布撒在花生垄顶，每隔 50 厘米 1 堆。

(三)其他防治

1. 田间诱卵　从发蛾始盛期开始，可在田间按 5 米见方插放低矮的干草把或作物根茬，每隔 7 天换 1 次，将换回的草把或根茬集中烧毁灭卵,至发蛾盛末期结束,可大幅度地减少地老虎的发生量。

2. 诱杀幼虫　根据地老虎幼虫对泡桐叶趋性强的特点,可从 2 龄幼虫盛期开始,取新鲜的泡桐叶,于傍晚置放在花生垄间,每隔 50 厘米 1 叶,第二天早上揭开泡桐叶片,将诱到的地老虎幼虫集中杀死。每 5 天置放 1 次,连续置放 3 次。如果将泡桐叶放在 500~600 倍的 50% 辛硫磷或甲胺磷药液中湿一下再放入田间,即可将诱到的地老虎药死,可省去每天早晨的人工灭虫。

第五节　棉　铃　虫

棉铃虫属鳞翅目夜蛾科害虫。

一、分布与为害

棉铃虫是世界性大害虫,可以为害 200 多种植物。农作物中主要有棉花、玉米、花生、大豆、山芋、烟草、豌豆、蚕豆、苕子、苜蓿、芝麻、苘麻、辣椒、番茄、茄子等,草类主要有苋菜、马鞭草等。棉铃虫在我国各棉区都有分布,1975 年以前主要为害棉花 ,且为害严重,是棉花上的重要害虫;其次是春玉米、蔬菜等,花生田发生量很小,为次要害虫。但近年来,随着棉花和春玉米面积的大幅度减少,棉铃虫转移为害花生,发生和为害程度逐年加重,已上升为春、夏花生田的主要害虫。一般年份,3~10 头/ 米²;大发生年份,10~15 头/米²,高的田块达 70~80 头/米²。并表现为北方花生产区重于南方花生产区。

棉铃虫以幼虫为害花生幼嫩叶片,使花生果重和饱果率下降,一般年份减产 5%～10%,中等发生年份减产 15% 左右,大发生年份减产20%左右。

二、形态特征

（一）成虫　体长15～20毫米,翅展31～40毫米。复眼绿色。体色变化较大,有淡黄褐色、黄褐色、灰褐色、绿褐色和红褐色等。前翅中部近前缘有深褐色环状纹和肾状纹各1条,雄蛾比雌蛾明显;内横线、中横线、外横线波浪状,不明显,外横线向后斜走,经过并靠拢肾状纹的正下方;外缘线外有黑褐色宽带,带上有7个小白点。后翅灰白色,翅脉棕色,沿外缘有黑褐色宽带,宽带内缘中部不向内凸出,在宽带外缘的中部有两个相连的白斑,前缘中部有1条浅褐色月牙形斑纹。

（二）卵　半球形,初产乳白色,后变黄白色,临孵化前灰褐色,卵面有紫色斑。卵高0.52毫米,宽0.46毫米。顶部微隆起,中部有26～29条直达卵底部的纵隆纹,纵隆纹间有1～2条短隆起纹,且分2～3叉,构成一个个长方形小格。

（三）幼虫　幼虫通常共分6龄,少数5龄。1龄幼虫体长2～3毫米,青灰色,头黑色。2龄幼虫体色黄白,开始出现背线,但不明显,此后头色逐渐变淡,由黑褐色到黄褐色、黄白色。3龄幼虫体色多数黑褐色,气门上线、气门线、气门下线清晰明显,依次为淡黄色、粉红色、白色,毛片黑色;有的体色灰绿色,气门上线和气门线紫红色,气门下线白色,毛片同体色。3龄后头部网状纹明显、黑褐色。4龄后背线明显可见,体色变化很大,大致有5种类型:

其一,体色黄白,背线、亚背线淡绿色,气门线白色,气门上、下线黄白色。

其二,体色淡红,背线、亚背线黑褐色,气门线白色。

其三,体色黄绿,背线、亚背线不明显,气门线白色。

其四,体色深绿,背线、亚背线不太明显,气门淡黄色,气门下线白色。

其五,体呈间隔色,多数由黄绿、紫褐、黄白色相间,背线黄绿色,亚背线紫褐色,气门线白色,腹面深绿色。

老龄幼虫体长 40～45 毫米,每体节上有毛片 12 个,前胸气门前的 2 毛片的连线与气门在同一直线上,气门椭圆形。

(四)蛹　纺锤形,体长 17～20 毫米;初化蛹淡绿色,后变黄褐色至深褐色;腹部第五至第七节的点刻稀而粗,均呈半圆形,腹部末端有 1 对基部分开的臀刺;气门较大,围孔片呈筒状突起。

三、生活史及生物学习性

由于各地气候的差别,棉铃虫在我国各地每年发生的世代数也不尽相同,从北到南世代数逐渐增多。北纬 40°以北的地区,如辽河流域和新疆等地,1 年发生 3 代,以第二代为害花生;北纬 32°～40°的地区每年发生 4 代,这一地区是花生的主产区,主要包括苏北、山东、河南、河北等花生产区,也是花生棉铃虫的重发区,第二代为害春花生,第三代为害夏花生;北纬 25°～32°的长江流域每年发生 5 代,以第三、四代为害夏花生,但为害很轻;北纬 25°以南的华南地区每年发生 6～7 代,花生田的发生量也很小。

棉铃虫以蛹在土内越冬。当春季气温回升到 15℃以上时越冬蛹开始羽化。在苏北、山东、河南、河北等地的花生主产区,越冬代成虫盛期在 5 月上中旬,第一代成虫盛期在 6 月中下旬,第二代成虫盛期在 7 月中下旬,第三代成虫盛期在 8 月下旬至 9 月上旬。第二代和第三代幼虫的孵化高峰期分别在 6 月下旬至 7 月上旬和 7 月下旬至 8 月上旬。完成一个世代约 30 天。

（一）成 虫

1. 活动规律 成虫多在夜间上半夜羽化，白天栖息在植物的叶丛中或其他隐蔽处。黄昏开始活动，飞翔力强，取食、交配、产卵都在夜间进行，以上半夜 7～9 时和下半夜 3 时至 4 时 30 分活动最盛。成虫活动与月光有密切关系，月圆期的夜晚活动少、诱蛾量少、田间落卵量少，月晦期的夜晚活动盛、诱蛾量多、田间落卵量大。因此，黑暗的夜晚成虫活动性强、诱蛾量大、落卵多。

2. 补充营养习性 棉铃虫的成虫羽化后有吸食植物的花蜜补充营养的习性，但对糖醋液的趋性较差。因此，成虫羽化盛期内蜜源植物多的地区或年份，棉铃虫繁殖量大、发生重。

3. 趋光性 对白炽灯光趋性弱，对黑光灯及双色灯（黑光灯加白炽灯）趋性较强。尤其对波长 333 毫微米的光趋性最强，其次是 383 毫微米。

4. 产卵选择性 成虫羽化后当晚即可交配，经 2～3 天活动、补充营养，即开始产卵（越冬代的产卵前期为 5 天）。卵散产，有明显趋嫩产卵的习性，在花生田主要产在花生植株顶部新展叶片的背面，少量产在新叶的正面及茎上。产卵时间多在黄昏和清晨，产卵历期 7～8 天，以第二至第四天产卵最多。1 头雌蛾产卵 1 000 粒左右，高的可达 3 000 粒以上。

5. 趋化性 据多年实际应用观察，棉铃虫成虫对杨树枝把和柳树枝把有明显的趋性，用于第一至第三代成虫的诱测效果非常明显。

（二）卵 棉铃虫卵的发育起点温度为 12.12±0.75℃，有效积温为 35.25 日℃。在苏北、山东、河南、河北等 4 代发生区,第一至第四代卵的历期分别约为 6 天,5 天,4 天,5 天。第一至第四代卵高峰之间的间隔历期分别约为 40 天,30 天,30 天。

（三）幼　虫

1. 发育起点温度及历期　棉铃虫幼虫的发育起点温度为 9 ± 0.62℃,有效积温为 302.8 日℃。在 4 代发生区,第一至第四代幼虫的历期大约为 25 天,20 天,18 天,25 天。同卵高峰一样,第一至第四代幼虫孵化高峰间隔的历期分别为 40 天,30 天,30 天左右。幼虫孵化的时间多在上午 6～9 时和下午 5～8 时。1～6 龄幼虫的历期因代别和地区的差异而不同,在 4 代发生区分别为 3～5 天,2～4 天,2～3 天,3～4 天,3～4 天,4～6 天。

2. 为害习性　初孵幼虫先啃食卵壳,然后栖息嫩叶背面,有少量幼虫开始取食未展开的花生嫩叶。第二天起,初孵幼虫群集花生顶部为害心叶,或在嫩叶背面取食,但为害不明显,经 3～4 天蜕皮变为 2 龄。1,2 龄幼虫有吐丝下垂、转移的特性,取食量很小。2 龄幼虫多数为害花生顶部嫩叶,也有少数取食花生的花蕾。3,4 龄幼虫食量增大,顶部嫩叶出现明显的缺刻。3 龄后的幼虫有自相残杀的特性。幼虫一般共分 6 龄,少数 5 龄,4 龄后进入暴食期。发生重的田块,顶部的花生叶片可被吃光。在 4 代发生区,花生田棉铃虫的严重为害期在 7 ～8 月份。

（四）蛹　幼虫老熟后钻入土内 5～15 厘米深处做土室化蛹。蛹的发育起点温度为 17.1 ± 0.23℃,有效积温为 100.5 日℃。在 4 代发生区,第一至第三代蛹的历期分别为 15 天,10 天,12 天左右。越冬代蛹的历期长达 8 个月左右。化蛹初期耐湿性很弱,如土壤湿度达 40%,5 天内即大都死亡;土壤湿度在 30％时,5 天后的死亡率可达 50％。如化蛹 6 天后遇到上述土壤湿度,则影响较小。越冬蛹的滞育只发生在蛹的前期,如蛹的发育已到中期(复眼变黑)才遇到滞育条件,蛹则继续发育、羽化而不越冬。越冬蛹的滞育受幼虫期的气候和食物条件影响,特别是温度和光照是重要条件。据有关资料,4 代发生区棉铃虫的临界光周期为 12 小时 30 分钟,滞育的温度是日平均气温低于 20℃,感应虫期为幼虫期至化蛹初期。如在感应虫期内满足上述 2 个条件,则所化的蛹大都滞育越冬。

四、影响发生因素

(一)温、湿度 从棉铃虫的分布范围看,偏干旱的地区大发生的频率高。棉铃虫生长发育的最适宜温度是 25℃～28℃,最适宜的空气相对湿度为 75％～90％。

1. 对发生期的影响 越冬代成虫发生期的早晚与春季的气温和降水有密切的关系。如 4～5 月份气温比常年偏高,则发生期早于常年;如 4～5 月份气温比常年偏低,则发生期推迟。温度对发生期的影响主要是通过影响越冬代成虫的发生期而间接影响其他世代的发生期,而降水则影响所有世代的发生期。降水对发生期的影响主要表现在两个方面:一是降水直接影响各代成虫的发生期,如在各代成虫的羽化、出土时期内有明显的降水过程,土壤湿润、疏松,成虫则能正常出土、繁殖;否则,土壤干旱板结,成虫不能出土,发生期则推迟到雨后出现。因此,常常是大雨后蛾量、卵量激增。二是通过影响温度间接影响第一代发生期,如果在越冬代成虫的羽化期内阴雨天多,就会出现持续低温天气,从而推迟发生期。

2. 对发生量的影响 温度对棉铃虫发生量的影响主要是越冬死亡率。在华北地区,如冬季温度偏高,越冬蛹的成活率就高,越冬基数就大,第一代发生量则重于常年;如冬季温度低于常年,且极端低温时间长,越冬蛹的死亡率就高,第一代发生量就可能轻于常年。

棉铃虫的发生程度与降水有直接关系,主要表现在 3 个方面:一是在各代老熟幼虫入土期及幼虫入土后至化蛹初期内如有适量的降水,土壤含水量在 18% 左右,土壤湿润、疏松,则有利于幼虫入土化蛹,蛹的成活率高,成虫羽化出土期内又有大的降水过程,蛹和成虫的成活率高,则发生量大,为害重。如在幼虫入土期内一直干旱无雨、土壤板结,老熟幼虫不能及时入土化蛹,死亡率高,基数减少,就会减轻发生程度。但在幼虫入土至化蛹初期,如有大的降水过程,土壤水分长期饱和,含水量在 30% 以上,5 天后的死亡率可达 50%,6 天后的死亡率可达 90% 以上;如含水量达 40% 以上,5~6 天后就可能全部死亡。二是在成虫羽化出土期内长期干旱无雨,土壤板结,蛹不能正常羽化或羽化后的成虫不能及时出土,死亡率高,也会减轻发生程度。三是在各代产卵盛期至幼虫孵化盛期内,如遇大的暴雨天气,会使卵及初孵幼虫被大量冲杀,减小发生程度。

综上所述,降水是影响棉铃虫发生的重要因素。在我国降水的趋势是南方多于北方,并且南方常有台风暴雨袭击,成为棉铃虫发生的主要障碍因素,因此总的发生趋势是北方重于南方。

(二)食料的影响　　棉铃虫虽属于杂食性害虫,但主要寄主是玉米、棉花、花生、小麦和蔬菜等。近年来,由于农村种植业结构的大幅度调整,玉米、小麦、棉花的面积大幅度减少,花生和蔬菜面积扩大,使花生和蔬菜田棉铃虫的发生程度逐年加重。第一代棉铃虫主要为害蔬菜和小麦;因春玉米和春棉花面积的减少,所以在花生产区,第二代棉铃虫转移为害春花生;第三代棉铃虫发生时,春花生进入荚果成熟期,营养生长逐步衰退,不利于棉铃虫的为害,加之夏玉米和夏棉花面积的减少,而夏花生正处于旺盛生长期,有利于棉铃虫的为害,所以夏花生田第三代棉铃虫的发生程度有加重的趋势。

（三）天敌　　棉铃虫的天敌种类很多,主要有寄生性天敌和捕食性天敌。寄生于棉铃虫幼虫的天敌主要有唇齿姬蜂、棉铃虫方室姬蜂、红尾寄生蝇等,各代棉铃虫幼虫的寄生率为15%～45%。寄生于棉铃虫卵的天敌优势种为拟澳洲赤眼蜂,其次有玉米螟赤眼蜂和松毛虫赤眼蜂等,以第四代卵的寄生率最高,可达30%左右。第二、三代卵的寄生率在15%左右。捕食性天敌的重要种类有草蛉、蜘蛛和瓢虫等。保护利用天敌是减轻棉铃虫为害的重要措施。

五、预测预报

（一）发生期预报

1. 利用积温法,结合降水情况,预报成虫的发生期　　当早春日平均气温升达棉铃虫蛹的发育起点温度 13.06℃ 时,根据气象台每天预报的平均气温累计推算有效积温,当有效积温累计达到 159.66 日℃ 时即为越冬代成虫羽化期。如这个期间内有降水,土壤湿度适宜,越冬代成虫则如期出土。

根据越冬代成虫的发生期和各代间成虫发生的期距,预报第一、二代成虫发生期:

第一代成虫发生期 ＝ 越冬代成虫发生期 ＋ 40 天

第二代成虫发生期 ＝ 第一代成虫发生期 ＋ 30 天

2. 用杨树枝把诱蛾验证成虫发生期,预报幼虫防治适期　　在各代成虫发生始盛期前,选有代表性的农田各 2 块

（越冬代选麦田，第一代选春棉花或春花生田，第二代选夏花生田），在田中按5米见方，插放10个带叶杨树枝把，每个枝把用10个枝条扎成，枝条长度50～60厘米，每7天更换1次，每天早晨日出前用塑料袋套捕各个枝把诱到的棉铃虫蛾的数量，做好记录，直到发蛾盛末期为止，即可得到各代成虫的发生期和高峰期。具体插把时间为：越冬代成虫5月1日至6月10日，第一代成虫6月10日至7月15日，第二代成虫7月10日至8月15日。根据测得的各代成虫的发生期和高峰期，即可预报幼虫防治适期。其计算公式为：

幼虫防治适期 ＝ 成虫高峰期 ＋ 卵历期

（二）发生程度预报

1. 调查虫量基数，结合气候条件和作物布局预报发生程度 在每代化蛹之前选有代表性的寄主作物田，调查田间棉铃虫的残虫量，根据各寄主作物的面积比例计算虫量基数。如气候条件适宜，虫量大即可预报大发生，虫量中等即预报中发生，虫量小即预报轻发生；如气候条件不适宜，虫量大就预报中发生，虫量中等就预报轻发生。

2. 根据杨树枝把的诱蛾量预报发生程度 因棉铃虫的寄主复杂，虫量基数不好调查，调查的虫量也很难准确，所以可以用杨树枝把的诱蛾量作发生程度预报。根据杨树枝把诱测各代成虫发生期所获取的蛾量基数，即可结合历年杨树枝把诱蛾量与幼虫发生量的关系进行发生程度的预报。

3. 于幼虫孵化盛期调查花生田的实际虫量，验证发生程度，确定防治对象田 根据预报的结果，于第二、三代幼虫的孵化高峰期选有代表性的春花生田（第二代）和夏花生田（第三代）各15～20块，每块田随机调查10个点，每个点查3穴花生，仔细查找心叶内及顶部幼嫩叶片反正面的幼虫数和卵量,根据花生密度推算出每平方米的虫量,验证发生程度。凡每平方米虫量达4头的田块定为防治对象田。

六、防治技术

（一）花生田间播玉米 在花生田棉铃虫重发区,根据棉铃虫最喜欢在玉米上产卵的习性,可在春、夏花生田于花生播种的同时在畦沟边零星地点播玉米,每667平方米150株左右,使第二、三代棉铃虫卵集中产在玉米上,然后集中防治玉米上的棉铃虫,能大大减轻花生田的为害程度。

（二）杨、柳枝把诱蛾 有条件的地区,可分别于6月中下旬在春花生田、7月中下旬在夏花生田插放杨、柳枝把诱捕棉铃虫成虫,方法见预测预报。

（三）喷药防治 花生田棉铃虫的药剂防治适期为卵孵化高峰期。防治指标是每平方米4头。因棉铃虫集中在花生顶部为害嫩叶,所以要对准顶部叶片喷药。目前推广的高效无公害农药品种主要有以下几种:①1.8%阿维菌素(生物农药)2 000～3 000倍液喷雾;②25%快杀灵1 500～2 000倍液喷雾;③5%高效大功臣2 000～2 500倍液喷雾;④70%塞单1 000～1 500倍液喷雾;⑤50%辛硫磷1 000～1 500倍液喷雾。

第三章　花生草害防治

　　花生田草害是指在花生田内与花生共同生长的杂草所造成的花生产量降低、品质下降而带来的损失。杂草是经过长期的自然选择而生存下来的适应性和生命力都很强的非人为栽培的植物类群。因杂草的种类繁多、生长旺盛,加之花生是地上开花、地下结果的矮秆作物,杂草与花生同生同长,中后期人工除草又会伤及花生的果针和荚果,所以,花生田草害的危害性大、难防除。必须了解杂草的种类及发生危害的特点,准确把握防治适期,科学防治,才能收到良好的防除效果。

第一节　花生田草害的发生特点及危害性

一、发生特点

　　(一)种类多　花生田常见杂草有马唐、狗尾草、牛筋草、画眉草、狗牙根、灰菜(藜)、铁苋菜、苋菜、马齿苋、苍耳、鳢肠、刺儿菜、小飞蓬、酸模叶蓼、萹蓄、青葙、反枝苋、地锦、苘麻、曼陀罗、龙葵、节节草、千金子、异型莎草、香附子、菟丝子等,水旱轮作花生田还有稗草、碎米莎草、牛毛毡等。在长期旱作的花生田,发生量大、危害重的是马唐、牛筋草、狗尾草、刺儿菜、铁苋菜和香附子等。在水旱轮作的花生田,发生量大、危害重的是稗草和莎草类,如牛毛毡、碎米莎草、异型莎草等。

　　(二)繁殖系数高　杂草具有多实性、连续结实性和落粒性的特点,单株结种量惊人,低的几千粒,高的达 10 万多粒,一般在 1 万粒左右。如马唐、稗草、灰菜、苋菜、马齿苋的单株平均结种量分别为 1.33 万粒，0.5 万粒，1.8 万粒，5 万粒，5.23 万粒，再加上根、芽、茎等的无性繁殖，只要条件适宜，就可在短期内迅速覆盖地面、形成草荒。即便当年除草效果很好，但每 667 平方米残留草量只要几千株，甚至几百株，所产的草籽再加上土层中遗留的尚未出苗的草籽，到来年仍能发生严重的草害。这就是花生田草害年年需要防治的原因。

（三）适应性强　经过长期的自然进化，农田杂草具有适应各种不良环境而长期生存的能力。当遇到不良的生长条件时，能通过休眠和自然调节密度、生长量、结种量、生育期以及繁殖方式，而确保个体的生存和物种的延续。处于休眠状态的杂草种子具有长寿性，少的 2～3 年，多的 40～50 年；许多杂草的种子经过牛、马、羊的消化道后仍有一部分能够存活发芽；很多杂草的种子在未经腐熟的粪肥里和土壤中能长期保持发芽能力。当粪肥施到地里、耕作整地将杂草种子翻到土表时，就会发芽生长，继续繁衍。

（四）出苗进度不整齐　由于杂草的结种时间长，多有后熟性，加之在土中的深浅不一，以及土壤环境的影响，所以出苗进度很不整齐。如马唐、牛筋草、狗尾草、铁苋菜、画眉草等花生田主要杂草在 4～8 月份都可出苗生长。土壤湿度对杂草出苗进度的影响最大，在花生播种季节，如土壤湿度适宜，花生苗期的草害就会严重发生；如长期干旱无雨、土壤板结，杂草就会推迟出苗，杂草出苗高峰多在雨后出现。常常是每下 1 次雨，田间就有一个出草高峰。

（五）危害时间长　无论是马唐、狗尾草、牛筋草、稗草、马齿苋、铁苋菜、莎草类、藜、蓼等一年生杂草，还是多年生杂草刺儿菜、狗牙根、香附子等，在花生的整个生育期都可造成危害。

（六）杂草的类群与轮作制度有关　长期旱作的花生田与水旱轮作花生田的杂草类群不同。实行水稻—春花生—小麦或水稻—小麦—夏花生等方式的水旱轮作，可消灭长期旱旱轮作地区花生田的马唐、牛筋草、狗尾草、灰菜、苋菜等主要一年生杂草和刺儿菜、香附子等多年生杂草。同样，由于水旱轮作，也使原来旱旱轮作田块所没有的湿生性杂草稗草、异型莎草、牛毛毡等出现在稻茬花生田。

（七）发生期及发生量与花生的生育期和密度有关　花生属于高密度作物，在苗齐、苗全的情况下，中后期生长茂密，对杂草有极显著的控制效果。因此，花生苗期是杂草发生的关键时期。如花生苗期一直干旱无雨，即使到花生中后期有降水过程，也不会有大的草害发生，这种现象在春花生田最明显。如花生苗期遇到连阴雨，就会杂草丛生，形成草荒，夏花生田就常常出现这种现象。在花生缺苗断垄严重的田块，即使到了花生中后期，也因花生的覆盖度小，会形成草荒。

（八）发生程度与花生的栽培方式有关　无论是地膜春花生还是地膜夏花生，都因膜下的土表温度高，不利于杂草的出苗和生长，所以草害的发生程度小于露地栽培的花生。

二、危害性

（一）与花生争夺水、肥、阳光和生长空间　由于长期的进化，杂草具有发达的根系，无论在施肥的田块，还是不施肥的田块，都能旺盛地生长，其争夺肥、水、阳光和生长空间的能力远远强于花生，因此，如不能及时除去杂草，就会造成花生大幅度减产，甚至绝收。据报道，每穴花生有 1 株杂草，花生减产13％左右，有 2 株杂草，减产 30％左右。

（二）为花生病虫的发生提供良好的生态条件　花生苗期杂草多的田块地老虎发生量大、危害重。花生中后期杂草多的田块，叶斑病、倒秧病、网斑病、纹枯病等发生重。

第二节　花生田草害的防除技术

一、农业防除措施

（一）水旱轮作　水旱轮作，推广稻茬种花生，是消灭花生田杂草的最经济有效的措施。在抓好稻田除草的基础上，实行稻茬种花生，不但水田杂草很少发生，而且可以根治或限制旱田杂草的发生。因此，在稻田草害防除效果好的情况下，稻茬花生田的草害很轻，一般不需化学防治。

（二）深翻土地　马唐、狗尾草、牛筋草、千金子、灰菜、苋菜、马齿苋等一年生杂草，在0～3厘米的土层内，只要温度、土壤湿度适宜，就可出土生长致害。但如果深翻土地，将草及草籽埋入深土层中，杂草就不能出苗或出苗很少。刺儿菜、莎草类等多年生杂草，通过深翻土地，可损伤这些杂草的地下根、茎或将地下根、茎翻到土表，经过冬春的风吹、冻、晒，干枯死亡。所以，深翻土地是防除花生田特别是防除旱旱轮作区花生田杂草的重要措施。

（三）施用腐熟的有机肥料　堆肥和圈肥中含有大量的杂草种子，禽、畜粪便中也含有草种，如不经过高温腐熟，就会将草种带入田间，加重花生田的草害程度。而经过高温腐熟，可使肥料中的大部分草籽失去发芽能力。因此，使用未腐熟的有机肥是田间草害严重发生的主要原因之一，采用高温堆肥是防除草害的重要措施。

使有机肥料腐熟的简便办法是高温堆腐或高温坑腐,原料有作物的秸秆、草糠、绿肥、杂草、落叶、垃圾、禽畜粪便、圈肥、人粪尿等。高温堆腐的方法是:选择1块平地,夯实土面,先铺1层15厘米厚的草糠或细草、落叶垫底,以吸收下渗的肥料汁液,然后铺上20～25厘米厚的青草或绿肥、新鲜树叶、水草、垃圾以及切碎的作物秸秆,再撒上1%～2%的碳酸氢铵或尿素,然后盖上10～15厘米的细土或圈肥,再铺20～30厘米的青草、秸秆等,依此逐层堆积到1.5米高左右时为止,将堆肥的四周用泥抹严、抹平,堆的顶部抹成坑型,坑内浇足水或人粪尿。春季气温低,可用塑料布将肥堆盖严。夏秋季气温高,可不盖塑料布。一般情况下,冬春季1.5～2个月、夏秋季1个月即可腐熟。人、畜、禽的粪便可用干细土或草糠拌匀后堆成堆,然后用泥将堆的四周抹严即可。春季需加盖塑料布。坑腐的方法是:可砌水泥池,也可挖简易的土坑,池、坑深度1.5米左右为宜,坑、池内加1/3水或人粪尿及适量的氮素化肥,然后将原料装入坑、池内,并保持10厘米左右的水层。

(四)合理密植,以密压草 春花生每667平方米8 000～8 500穴,夏花生每667平方米9 000～10 000穴,并确保一播全苗,充分发挥花生中后期的控草作用。

(五)推广地膜覆盖栽培 如前文所述,地膜覆盖栽培春、夏花生是控制花生杂草的有效措施。春花生是播种后及时盖膜,待花生出苗时及时划膜;夏花生则是花生齐苗后盖膜,再将花生苗抠出膜面。如化学除草和覆盖地膜结合起来则能控制花生整个生育期的草害。如果不进行化学除草,也不实施地膜覆盖,就必须在花生开花前的杂草1～3叶期进行1～2次人工除草。花生进入开花下针期以后,禁止人工除草,以防伤害果针和荚果。

二、化学除草

化学除草是使用化学除草剂除草、但不伤害花生的一种特效的除草措施。因为花生是地上开花、地下结果的作物,中后期很难进行人工和机械除草,所以,花生田推广化学除草技术尤为重要。

(一)把握化学除草的关键时期 花生田化学除草的关键期是花生播种后至花生开花下针前。最佳适期是播后芽前,其次是杂草2～5叶期。

(二)因地因苗选准除草剂 双膜栽培的花生,因早春气温和地温低,播种出苗时间长,为提早出苗、培育壮苗,可在花生播前5～7天施好肥、整好地,并施用氟乐灵、灭草猛等播前土壤处理类除草剂,然后盖上地膜和弓棚膜,预热5～7天即可播种;起垄栽培的花生,如起垄时间过早,在花生播种前就杂草满地,人工除草又会破坏垄型(特别是西瓜、甜瓜套种花生的田块),可选用高效盖草能、精稳杀得、收乐通等苗后除草剂除草后再播种花生(对瓜类安全);随整地随播种的花生田,在花生播种后1～2天内使用都尔、乙草胺等芽前除草剂除草,如覆盖地膜,春花生可随播种、随喷施除草剂、随盖膜,夏花生可在花生出苗后盖膜,并将花生苗抠出膜面;播种前和播后芽前都未使用除草剂的露地栽培花生田,可于花生出苗后、杂草2～4叶期选用高效盖草能、精稳杀得、克草星等苗后茎叶处理类除草剂进行防除。目前推广的花生田化学除草的高效、安全的配方主要有以下几种:

1. 播前土壤处理

第一,48%氟乐灵乳剂每公顷1.5～2.25升,对水750～900升,均匀喷施地面,并及时浅耙(不起垄田)或用钉耙等工具浅刨(起垄田),将除草剂混入 3～5 厘米的土层内,过 5～7 天即可播种(播后芽前也可使用)。该除草剂对马唐、狗尾草、牛筋草、稗草、千金子等一年生禾本科杂草特效,对藜、苋、蓼、马齿苋等阔叶杂草也有一定效果,并且防效期长达 3 个月左右。但对铁苋菜、鳢肠、苍耳、鸭跖草的防效较差,可与灭草猛等除草剂混用。

第二,70%灭草猛(灭草丹)乳剂每公顷 2.7～3.75 升或 88.5%灭草猛每公顷 2.25～3 升,对水 750～900 升。施药方法同氟乐灵,施药后即可播种。防效期可达 50～60 天。

第三,48%氟乐灵每公顷 0.9～1.2 升＋ 70%灭草猛每公顷 1.5～1.8 升,施药方法同氟乐灵,用药后 5～7 天播种花生。可同时防除禾本科杂草及阔叶杂草。

第四,90%益乃得(双苯酰草胺)可湿性粉剂每公顷4.5～6 千克,施药方法同氟乐灵。可同时防除多种禾本科、莎草科和阔叶类杂草。防效期可达 60 天以上。

第五,50%扑草净可湿性粉剂每公顷 1.5 千克或 80%扑草净可湿性粉剂每公顷 0.75～1.05 千克,对水 750～900 升,对地表均匀喷雾,随后即可播种花生,也可以播后芽前施药。该药可防除一年生禾本科、莎草科及阔叶杂草。防效期在 60 天左右。

2. 播后芽前土壤处理

第一,50%乙草胺乳剂每公顷 1.5～2.25 升,对水 750～900 升,于花生播种后 1～2 天内均匀喷施于地表。可防除马唐、狗尾草、牛筋草、画眉草、千金子、旱稗等一年生杂草,对藜、蓼、苋、马齿苋等阔叶杂草也有一定的效果。

第二,82%仙治(环庚草醚)乳剂每公顷 0.75～1.2 升,播后苗前对水喷施地面。此药不但能有效地防除阔叶杂草、禾本科杂草和莎草科杂草,而且对花生有明显促进生长的作用。

第三,72%都尔(异丙甲草胺)乳剂每公顷 1.5～2.25 升,施药方法同乙草胺。都尔对一年生禾本科杂草特效,对阔叶杂草也有较好的效果,对花生相当安全。

第四,25%农思它(恶草酮、恶草灵)乳剂每公顷 1.125～1.5 升,施药方法同乙草胺。该药对马唐、牛筋草、狗尾草、稗草、香附子、异型莎草、牛毛草、马齿苋、藜、苋、蓼、龙葵有很好的防除效果。

第五,50%速收可湿性粉剂每公顷 120～180 克,或每公顷用速收 60 克＋ 50%乙草胺 1.2～1.5 升或 72%都尔乳剂 1.5 升。方法同乙草胺。对花生田常见的阔叶杂草、禾本科及莎草科杂草的防效都很理想。

第六,36%农草净(乙-恶)乳剂每公顷 3～3.75 升。施药方法同乙草胺。可有效地防除禾本科、莎草科和阔叶类杂草。

第七,50%禾宝乳剂每公顷 0.9～1.2 升,对水 750～900 升。施药方法同乙草胺。可有效地防除马唐、牛筋草、狗尾草、早熟禾、画眉草、千金子、稗草等一年生禾本科杂草以及藜、苋、蓼、鳢肠、马齿苋、龙葵、萹蓄等一年生阔叶杂草,对莎草科杂草及部分多年生杂草也有一定的效果。

第八,33%二甲戊乐灵(施田补、除草通)乳剂每公顷 3～4.5 升,或 48%异恶草酮每公顷 1.5～2.25 升,或 50%草萘胺(大惠利)可湿性粉剂每公顷 1.5～2.25 千克,对水 700～900 升,地面喷雾,都能防除花生田杂草。

3. 苗后茎、叶处理

第一,禾本科杂草为主的花生田:①35%稳杀得(吡氟禾草灵)乳剂或 15%精稳杀得乳剂每公顷 0.75～1.1 升,对水 600～750 升,在杂草 2～4 叶期茎、叶喷洒,可有效地防除一年生禾本科杂草。如狗牙根、白茅、双穗雀稗较多,每公顷用药量要加大到1.1~1.8升。②10.8%高效盖草能(吡氟乙草灵)乳剂每公顷300~450毫升,或12.5%盖草能乳剂600~900毫升,对水600~750升,于禾本科杂草2~4叶期茎、叶喷雾。每公顷用10.8%高效盖草能450~525毫升,可防除狗牙根、白茅等多年生禾本科杂草。③12%收乐通(烯草酮)乳剂每公顷450~600毫升,对水600~750升,于花生出苗后、禾本科杂草2~5叶期茎、叶喷雾。对一年生和多年生的禾本科杂草马唐、牛筋草、狗尾草、千金子、稗草、狗牙根、芦苇等有特效。该药能很快被杂草吸收,施药后2小时下雨不影响药效,田间防效期长达60天左右,对花生很安全。④20%拿捕净(稀禾定)乳剂每公顷0.75~1.2升,对水600~750升,于杂草3~5叶期茎、叶喷雾,对一年生禾本科杂草特效。多年生禾本科杂草的防除需将药量加到1.2~2.25升,效果也很好。⑤7.5%高恶唑禾草灵(威霸)乳剂每公顷0.75~1.1升或12%威霸乳剂0.6~0.75升,对水量同上,于杂草2~5叶期茎、叶喷雾,对一年生禾本科杂草有特效。

注意:防治禾本科杂草的茎、叶处理类除草剂同样对玉米、水稻等禾本科作物有效,因此在施药时防止药液飘到玉米、水稻等禾本科作物上,以防产生药害。

第二,阔叶杂草为主的花生田:①48%苯达松(灭草松)水剂每公顷2~3升,于杂草2~5叶期茎、叶喷洒,对多种阔叶杂草和莎草科杂草有特效。②45%哒草特(阔叶枯)乳剂每公顷2~3升,对水喷洒,可防除藜、苋等阔叶草和一年生的莎草。③24%克阔乐乳剂每公顷375~600毫升,于杂草2~5叶期对水喷洒,对多种阔叶杂草有较好的防效。

第三,禾本科杂草和阔叶杂草都重的花生田:①6%克草星乳剂每公顷0.75～0.9升，于花生2～3叶期、杂草高度5厘米左右时对水茎、叶喷洒。克草星是兼有触杀和内吸传导作用的高效广谱性花生田专用除草剂，对马唐、狗尾草、牛筋草、画眉草、千金子、稗草等一年生禾本科杂草和藜、苋、蓼、马齿苋、青葙、萹蓄、龙葵、葎草、鸭跖草等阔叶杂草以及一些难除的杂草，如苘麻、苍耳等都有很好的防除效果，对多年生的杂草也有明显的控制作用，1次施药即可控制花生整个生长期的草害。②每公顷用10.8%高效盖草能乳剂300～375毫升＋48%苯达松水剂1.5～2.25升，或24%克阔乐乳剂150～300毫升，或45%阔叶枯乳剂2.25升，对水600～750升于杂草2～5叶期茎、叶喷雾，可有效地防除禾本科杂草和阔叶杂草。

（三）用水量要足　化学除草剂的除草效果与对水量的大小有直接关系。花生田播种前及播后芽前的土壤处理类除草剂的除草效果，与对水量及施药后的土壤湿度关系很大。土壤湿度大、对水量足、施药后有明显的降水过程，则除草效果好；如对水量不足、土壤干旱板结、施药后又无降水，则除草效果差。土壤处理类除草剂的对水量一般不低于每公顷750～900升。因此，使用土壤处理类除草剂应尽量对足水，在土壤湿度大时对水量可少些（取下限），土壤湿度小时对水量应大些（取上限）。地膜栽培的春花生因随播种、随喷施除草剂、随盖地膜，地膜的保墒效果好，所以对水量可少些；露地栽培的花生跑墒快，对水量应大些。苗后茎、叶类除草剂的除草效果与对水量的关系不像土壤处理类除草剂那样严格，常随喷药工具的不同而不同，但对水量要确保所用除草剂的计量能在规定的面积内均匀喷施。一般茎、叶处理类除草剂的对水量为每公顷600～750升。苗小、草小时取下限，苗大、草大时取上限。

（四）严格掌握用药量　用药量的多少既关系到除草的效

果,又关系到花生的安全性。用药量少除草效果差,用药量大时花生很容易产生药害。前文配方里所推荐的用药量是经过大量的试验、示范和大面积推广验证后适宜的用药量标准,并且有一定的幅度,具体用药量应根据温度的高低、栽培的方式和季节、土壤的湿度及对水量以及土壤的质地、杂草的大小等灵活掌握,但不要超过前文所推荐的计量幅度。一般情况下,夏花生、土壤处理时土壤湿度大及对水量足、质地疏松的砂壤土、地膜和温室栽培的春花生以及茎、叶处理苗小草小时,用药量少些,取下限;露地栽培的春花生、土壤处理时土壤干旱板结及对水量不足、质地粘重的土壤以及茎、叶处理苗大草大时,用药量大些,取上限。

(五)根据天气情况确定具体喷药时间 露地栽培的花生,使用土壤处理类除草剂处理土壤,天气预报在施药期内有雨时,应在雨后及时施药;使用苗后除草剂茎、叶处理时,为防止雨水冲刷,应在雨后的晴天施药,一般应保证施药后24小时无雨;选无风或微风的天气喷药,大风的天气不施药;要在雨水和早上露珠晾干后喷药;春天气温低,应在中午前后施药;夏天气温高,应在上午和下午喷药。

(六)确保喷药均匀 喷药均匀是确保总体防效和花生安全的重要措施。漏喷的地方草不死,重喷的地方花生易发生药害。因此,一定要均匀喷药,保证不重喷、不漏喷。

(七)严防敏感作物中毒 前文推荐的除草剂都是选择性除草剂,土壤处理类不得用于茎、叶处理,用于花生田茎、叶处理的除草剂同样可以杀死玉米、水稻等禾本科作物,所以在花生田喷药时要严防药雾飘到附近的玉米、水稻等敏感作物田,并且喷过除草剂的喷雾器一定要用洗衣粉或碱水反复冲洗,以防以后用于敏感作物田喷药喷肥时发生药害。

第四章　花生田鼠害防治

鼠是脊椎动物亚门哺乳纲啮齿目动物的一大类群,也是动物界中进化地位最高、最为先进的类群之一。鼠除具有哺乳动物所共有的全身被毛、运动快速、恒温、胎生、哺乳等特点外,鼠的主要特征是:无犬牙,门齿与前臼齿或臼齿间有明显的空隙;上下门齿各1对,呈凿状,很发达,无齿根,终生生长,常借啮咬物体以磨短,"啮齿动物"由此得名;体型大多较小,少数中等;前肢常短于后肢,除终生营地下生活的种类外,一般能迅速奔跑。

鼠类分布广,几乎遍布全球。除极少数种类外,绝大多数都给人类带来不同程度的危害,所以称为害鼠。害鼠不但严重为害花生等农作物,而且为害林果、草原,损坏财物、建筑物,盗食储粮、食品,破坏机械设备、电力设施,导致江、河、湖、水库决口,更能传播鼠疫,威胁人类的健康和生命。

由于害鼠种类多、繁殖速度快、种群数量大、机警聪明,加之混杂于人类生产生活的各个领域,所以很难防除。必须充分了解各类害鼠的生物学和生态学习性,把握其生命的薄弱环节,采取综合措施,才能达到持续控制其为害的目的。

第一节　花生田鼠害的特点

一、害鼠种类多

为害花生的鼠类有鼠科的褐家鼠、黑线姬鼠、小家鼠、黄毛鼠、黄胸鼠和仓鼠科的大仓鼠、黑线仓鼠、棕色田鼠、鼢鼠等10多种,其中黑线仓鼠、黑线姬鼠、大仓鼠、褐家鼠和棕色田鼠为花生田的优势鼠种。在靠近村庄的花生田,褐家鼠常常是绝对优势鼠种。

二、为害普遍

从播种期到花生成熟期,所有的花生田都会遭受害鼠的危害。

三、为害部位集中

主要为害花生的种子和荚果,很少为害茎、叶。

四、为害高峰期明显

花生田有两个鼠害高峰期,即播种至出苗期和荚果成熟期。在播种至出苗期为害,是将播种的花生种仁扒出啃食,有的被整粒吃掉,仅留种皮;有的种仁被咬破,不能发芽出苗;也有的种仁被扒出未吃,但暴露土面又被其他动物糟蹋,造成缺苗。出苗后至结荚前基本不受害鼠为害。荚果形成后进入第二为害期,成熟期达为害高峰。有的从荚果一端咬1个孔洞,食去果仁,留下空壳;有的荚果被扒出土面,咬破果壳,吃掉果仁,地面留下一堆堆果壳;有的荚果被搬回鼠洞贮藏起来,慢慢取食。

五、鼠害分布有明显的趋边性

大多数害鼠栖息于花生田周围的埂边、沟边、渠边、路边、坟头上或村庄内的鼠洞中,夜间出来为害花生,田四周10米以内的花生受害重,越往田中间受害越轻,表现出明显的趋边为害性。

六、为害程度与生态环境和花生栽培制度有密切关系

靠近村庄、沟渠、路道、埂边、坟堆的花生受害重,零星种植的花生、早播的花生、早熟的花生受害重。

第二节　主要害鼠的形态特征
及生物学、生态学习性

一、褐家鼠

褐家鼠又叫大家鼠、沟鼠,俗名铁嘴鼠、白尾吊等。属啮齿目鼠科。国内除西藏等局部地区外,各地都有分布。

(一)形态特征　褐家鼠是家栖鼠中最大的一种,体型粗大,成体长约 180 毫米,个别的体长可达 250 毫米以上。耳朵短小而厚,不光滑,向前折拉不能盖住眼部。后足粗壮,长 40 毫米左右。尾长不及体长,但明显超过体长的 2/3,尾毛很少,表面有鳞片,尾环显著。背毛棕褐色至灰褐色,毛基深灰色,毛尖棕色或褐色,背中央毛色深于两侧;腹部毛色灰白至乳白色,毛基灰色;尾部上面毛黑褐色,下面毛灰白色,故名"白尾吊";四肢外侧毛尖白色,与体侧毛色有明显的分界,足的背毛白色。

褐家鼠的年龄划分方法各地不一,目前认为综合法比较科学(表 43)。

表 43   褐家鼠年龄划分标准

年龄组	体重（克）	体长（毫米）	尾长（毫米）	眼球晶体干重（毫克）
幼 年 组	<25	<95	<75	<11.1
亚成年组	25～105	95～160	75～130	11.1～27.02
成年 1 组	106～185	161～180	131～170	27.1～39.00
成年 2 组	186～265	181～215	131～170	39.1～53.00
老 年 组	>265	>215	>170	>53

(二)生态学及生物学习性

1. 栖息   就全国来讲,褐家鼠主要是家栖鼠,与人伴生。在农村,则为家、野两栖型,多栖息在居民区内和附近的田野;在城市,则长年生活在住宅区。根据褐家鼠与人类的关系,可分为 3 种生态型:一是北方生态型,终年生活在住宅内;二是中间生态型,夏秋季生活在野外,冬季迁回住宅区;三是南方生态型,多数长年生活在野外。

褐家鼠的栖息地点非常广泛。在城镇,多栖息在下水道、建筑物内,尤以下水道中最多;在农村的居民区,多栖息在猪、鸡、鸭、鹅的圈舍和仓库、厕所、屠宰场、农贸市场、场院、阴沟、厨房、住房、草垛、加工厂等场所。工矿企业、港口、码头、飞机、船舶、大型机械及运输工具等也是褐家鼠的栖息场所。野外的栖息地点多在沟边、埂边、渠边、路边、坟头边、水库边。

褐家鼠的栖息方式多是打洞穴居,且多是聚群而居。居民区的洞穴多在地下道、阴沟内、树根下、草垛下和建筑物的墙根下、地板下。洞穴结构复杂,一般有洞口 5 个左右,进口通常只有 1 个,出口有一堆颗粒松土。洞道分岔多,洞道长 50～210 厘米,洞深可达 150 厘米。一般只有 1 个窝巢,多用破布、碎纸、细草、兽毛、棉絮做成,巢多呈碗状。野外的洞穴多在沟边、路边、渠边、堤边、坟头及田埂上,一般有洞口 2～3 个,洞道分岔较少,仅 1～2 个,洞深 30～80 厘米。

2. 活动 褐家鼠昼夜均活动,但以夜间活动为主。一天中的黄昏后和黎明前各有 1 次活动高峰。其中以黄昏后活动最为频繁。在城镇的郊区和农村,褐家鼠有明显的季节迁移现象,一年中有两次迁移高峰。第一迁移高峰在 4～5 月份,这时正是花生等春播作物的播种期、越冬及早春瓜菜的成熟期和水稻等夏播作物的播种育苗期,褐家鼠从居民区向野外迁移为害农田;第二迁移高峰在 8～10 月份,在野外的褐家鼠随作物的成熟期在不同作物的田间作迁移为害活动。到了 10 月份,天气转冷,田间作物收获结束,秋播麦子也已出苗,此时褐家鼠又迁入居民区。2 次迁移高峰即是褐家鼠 2 次田间为害活动高峰期。也是花生田被害高峰期。

在环境条件比较稳定的情况下,褐家鼠的活动范围是有限的,一般在洞穴周围 30～50 米,最长可达 300 米。

3. 食性 褐家鼠为杂食性害鼠。在居民区,除盗食人吃的所有食品外,还盗食禽、畜的饲料,伤害幼禽、幼畜甚至幼婴。在农田,主要为害各种作物的籽实、种子、果实,如花生和豆类的荚果、水稻和玉米的籽粒、山芋的块根、马铃薯的块茎、瓜类及草莓的果实等,也取食草籽。有时也吃昆虫和其他小动物。褐家鼠不但大量取食,而且需要饮水。成年褐家鼠对于干燥食物的日食量为 25 克左右,日饮水量为 30 毫升左右。因此,有水源的地方和田块,鼠害发生量大;而干旱无水源的地方和田块,鼠害发生量小。

4. 繁殖 褐家鼠的繁殖力很强,一年四季都可繁殖,就是在东北寒冷的冬天也能繁殖。每年繁殖 6～10 窝,孕期20～

22 天,每窝 8～9 只,多的达 17 只。产仔后 1～2 天又可交配怀孕。幼鼠 3 个月就可交配繁殖。每年怀孕的最高峰在 4～5 月份和 9～10 月份。雌鼠的生殖能力可以持续 1～2 年。

5. 感觉器官 褐家鼠色盲,但黄色和绿色对其最有吸引力。因此,褐家鼠喜食黄色和绿色的食品,配制饵料时应注意。对红光不敏感,用红灯观察其夜间活动不受影响。味觉发达,对不含任何药物的饵料和仅含 2 毫克/千克刺激素的同种饵料都能分辨出来,能察觉出含 250 毫克/千克杀鼠灵的饵料。配制毒饵时要严格掌握鼠药的浓度。褐家鼠嗅觉灵敏,它们在洞穴周围用尿液和生殖道分泌物标记嗅迹,同类鼠能根据嗅迹活动。

褐家鼠对巢区周围的环境有很强的警觉性,通过嗅觉和味觉加以记忆,很快熟悉生活环境、跑道、洞穴、食物、水源,并形成比较固定的活动路线。在熟悉的环境里,能迅速发现任何一种新物品、新变化,并予以回避,称为"新物反应"。

6. 体能 褐家鼠能在粗糙的墙壁或物品上攀行,在电话线类的绳上走动;能通过直径 1.25 厘米左右的孔洞;能原地跳高 77 厘米以上,原地跳远 1.2 米;能在平静的水面游泳 800～1 000 米,会水下捕鱼;咬肌发达,牙齿锐利,可以咬坏铝板、质量差的混凝土、沥青等大多数建筑材料,破坏性强。

二、黑线姬鼠

黑线姬鼠又名黑线鼠、屋外鼠、长尾黑线鼠。属啮齿目鼠科姬鼠属。分布很广,国内除青海、西藏外,各地都有分布。一般在平原、盆地的农业地区分布较多。

(一)形态特征 体型较小,体长 65～117 毫米,尾长约为体长的 2/3;耳长 9～16 毫米,向前翻不达眼部;尾毛短而稀疏,双色,上深下浅,可见环状鳞片;背毛棕褐色或棕红色,自头顶至尾基部沿背中线有1条明显的由黑毛组成的黑纵线,黑线姬鼠由此得名;腹部和四肢内侧为灰白色,体侧与腹面界限分明,体背面与体侧无明显界限;足背白色。

（二）生态学及生物学习性

1. 栖息　黑线姬鼠主要栖息于农田,很少进入居民区。栖息的方式为打洞穴居。栖息地点多在背风向阳的埂边、渠边、沟边、路边、水库边、河岸边及坟头上。黑线姬鼠的洞穴结构比较简单,有栖居洞穴和临时洞穴,栖息洞又分为夏秋季洞和冬季洞。在作物成熟季节多扒临时洞,洞形简单,洞道较浅,只有1个洞口;栖息洞相对比较复杂,洞道长1~2米,窝巢也较深,有洞口2~3个,洞口直径2.5~3.5厘米。其中冬季洞比夏秋季洞的洞道长,分支多,窝巢深,少数洞有贮粮。因洞穴简单,冬季保温差,加之无贮粮习性,所以在冬季,黑线姬鼠常转移洞穴,聚集栖息。

2. 活动　黑线姬鼠白天栖息,夜间出洞穴活动。早春和深秋夜间气温低时,活动高峰在夜间上半夜（20~24时）;夏秋季作物成熟期,除夜间上半夜活动外,下半夜天亮前还有一个活动高峰,但仍以上半夜活动最盛。

黑线姬鼠无冬眠习性,一年四季活动,但以春播作物播种期、夏熟作物成熟期和秋熟作物成熟期活动最为频繁。每种被害作物的被害高峰期都在播种期和成熟期,尤以成熟期受害最重。因此,黑线姬鼠的为害有明显的随作物成熟期而流窜移居、转移为害的规律。

3. 食性　黑线姬鼠为杂食性害鼠,主要取食当地作物的果实和种子,如西瓜、甜瓜、草莓、花生、蚕豆、大豆、小麦、玉米、稻米等。在果实和种子缺乏时也取食蔬菜和其他作物的茎叶,也捕食昆虫等其他小动物。

4. 繁殖　黑线姬鼠的幼鼠通常 5 个月性成熟便可繁殖后代。在花生产区,一年有两个繁殖高峰,分别在春季的 4～5 月份和秋季的 8～9 月份。其中春季繁殖以老龄鼠为主,秋季繁殖以当年鼠为主。除南方冬季有少量繁殖外,其他地区冬季不繁殖。每胎繁殖 2～10 只,最多的 12 只,一般为 5～6 只。

三、小 家 鼠

小家鼠又名小鼠、鼷鼠,俗名小耗子。属啮齿目鼠科。分布遍及全国各地,几乎有人居住的地方都有分布。特别是在土墙结构的房屋被砖瓦结构的房屋取代后,恶化了家鼠的生存环境,大型家鼠类日渐减少,但却有利于体小、易于藏匿的小家鼠的生存,因此,小家鼠的数量呈上升趋势。小家鼠不但栖息在居民区,啃坏衣物、家具、书籍,糟蹋食品,是典型的家居鼠,而且还迁移野外,为害花生等农田,是重要的农田害鼠。对花生田,从花生荚果形成期开始为害,一直为害到花生成熟期。小家鼠为害花生时,一般不将花生扒出,而是从荚果一端咬 1 个孔洞,然后将果仁盗食一空,尤以荚果形成期至成熟前为害最重。小家鼠也是人类多种自然疫源性疾病的传播者。

(一)形态特征　体长仅 70 毫米左右,为小型鼠。尖吻(所以为害花生呈孔洞);尾长近于体长,尾部鳞片不明显;四肢细弱(跑不快);毛色变化大,背部毛色有黑褐色、灰褐色、灰黑色等;通常毛基深灰色,中上部黄色,毛尖淡黑色;腹毛纯白色、黄白色或灰黄色,腹毛与体侧毛分界明显;上颌门齿侧扁,侧面看有明显的缺刻。

(二)生态学及生物学习性

1. 栖息　小家鼠是家、野两栖的小鼠类,栖息范围很广。

在居民区主要栖居在住房、厨房、贮藏室、仓库,在有人类活动的其他场所,如学校、工厂、加工厂、码头、车站、办公楼等建筑物内也是小家鼠的栖息地。在野外主要栖居在茂密的旱作农田、杂草丛生的田埂、路边、渠边、沟边、坟头以及场院、草堆中。栖居方式可以在草堆、衣物、书柜、长期不用的抽屉等器物中或墙缝内、天花板上、房笆内做巢栖息,也可在地下、地板下、墙角下扒洞栖息。野外多在草堆内做窝。

在村庄周围农田内野居的小家鼠多在杂草丛生的田埂、荒地、坡地、沟渠、路边、坟头等隐蔽处打洞,以洞穴的方式栖息。小家鼠的栖息洞洞道短、结构简单,洞长一般60~100厘米,有1~3个洞口。只有1个洞口的盲道多为临时洞,有2~3个洞口的为栖息洞。小家鼠多独居生活,只在交配和哺乳期可见数鼠同居1洞。

2. 活动　小家鼠昼夜均活动,但以夜间活动为主。每天的黄昏和清晨有两个活动高峰。季节性活动规律和褐家鼠一样,受气候和作物播种及成熟期影响。住房、场院、仓库、草垛等温暖、食物丰富的地点是其越冬的最佳场所。春季作物播种期多数迁往村庄周围的农田,盗食播过的种子;作物出苗后迁往附近的瓜类、茄果类蔬菜田内盗食瓜类和茄果、草莓等;夏熟作物成熟期迁往麦田为害麦穗;麦类收获后有的迁往晒谷场;花生等秋熟作物进入灌浆成熟期,则根据不同作物成熟期的先后在作物间迁移为害;秋熟作物收获后迁往晒谷场、仓库、粮草堆及其附近;冬季谷物入仓,气温寒冷,则多数潜入民房、仓库。

3. 食性　小家鼠食性杂,但以种子、瓜果类为主。因嘴小,所以喜食小粒的谷物及幼嫩的花生荚果。食物缺乏时可取食瓜果、蔬菜、植物幼芽及幼小昆虫等。每天取食高峰多在夜间(19～22时)。

4. **繁殖** 小家鼠的繁殖力强,几乎可终年繁殖,但以春秋两季繁殖为主。妊娠期为18天左右,产仔间隔时间为30～50天,长的100天左右。一般年产5～7窝,每窝产仔4～7只,少的1只,多的16只。幼鼠生长2～3个月即可繁殖后代。雌鼠产仔后不久又可怀孕。

四、黑线仓鼠

黑线仓鼠又名花背仓鼠、纹背仓鼠。属啮齿目仓鼠科害鼠。广泛分布于我国的中部和北部,属北方鼠种。尤以华东、华北、东北和西北发生为重。

(一)**形态特征** 除尾极短,仅为体长的1/4外,其他形态特征与黑线姬鼠很相似。体长95毫米左右,体形粗短,较肥胖,为偏小型鼠类;吻短钝,头较圆;耳圆形,具白色毛边;腮部有颊囊(盗运食物的工具);体背面从吻端到尾基、颊部、体侧上部及四肢外侧均为黄褐色或灰褐色、灰黄色;吻侧、体侧下部、腹面、四肢的下部及足背均为灰白色或纯白色;尾双色,背面灰褐色或灰黄色、黄褐色,腹面白色或灰白色;体背中央有1条黑色纵纹。

(二)**生态学及生物学习性**

1. **栖息** 黑线仓鼠为典型的野栖鼠,适应范围广,既能生活于干旱地区,又能生活在潮湿地区;既能栖息于农田,又能栖息于林地、草原。但主要在农田的田埂及其附近的沟渠路边、土坡、坟地等地势较高的地方扒洞栖息。比较喜欢在干燥的地方生活,特别是长期旱作地区发生量大。所以主要分布区域在华北、华东、西北和东北等旱作、少雨地区。长江以南等水旱轮作的潮湿地区很少分布。东北等寒冷地区也有少数潜入民宅栖居。

黑线仓鼠的洞穴结构比较简单,分临时洞和居住洞。居住洞是春季至秋冬居住和产仔的场所,洞口 1～3 个,直径约 3 厘米,洞道垂直或斜行伸入地下 30～40 厘米,往往有 1 个窝巢和多条洞道。窝巢呈盘状,用草茎作巢壁,巢内铺以软细草或棉絮,有时也见兽毛或鸟羽。洞道的分岔处有贮粮仓库,洞内还有厕所。临时洞只有 1 个洞口,深入地下 40～70 厘米,洞道与地面平行。只有简单的巢或扩大洞道供临时贮存粮食及筑巢材料。

2. 活动　黑线仓鼠白天隐居洞中,夜间出来活动。以黄昏后和黎明前为活动高峰。冬春季以黄昏至 19 时 30 分、夏秋季以黄昏至 21 时活动最盛。除在成熟的作物间迁移以及季节性的迁移时活动范围稍大外,正常的活动范围多在洞穴周围 50 米以内。一年内的活动盛期在春播作物播种期和夏秋作物成熟期。雨前和雨后活动更为频繁。

3. 食性　黑线仓鼠为杂食性鼠。可以取食花生、大豆、小杂豆、玉米、高粱、谷子等作物的种子、杂草的种子以及昆虫等小动物。但主要取食农作物和杂草的种子。东北等地冬季入室的黑线仓鼠则可取食人们所有的食品。冬季有贮粮的习性,所以在秋季将大量的食物运入洞中贮存。

4. 繁殖　黑线仓鼠每年的繁殖期在 3～10 月份,4～5 月份和 8～9 月份为繁殖高峰。6～7 月份和 10～11 月份出现两次鼠量高峰。每胎产仔 6 只左右,多的 15 只,少的 2 只。北方的繁殖率高于南方,所以为北方的优势种、南方的稀有种。

五、大 仓 鼠

大仓鼠又名大腮鼠。属啮齿目仓鼠科。同黑线仓鼠的分布区域基本相同,为北方的重要害鼠。主要分布在华北和东北,华东和西北也有分布。

(一)形态特征　体形粗壮,体长140～200毫米,除尾短外,外形与褐家鼠的幼鼠相似;头短圆,腮部有颊囊;耳短而圆,耳缘有极窄的灰白色短毛形成的白色耳边;背面毛色灰褐至深灰色,体侧毛色稍淡,腹面及前后肢的内侧均为白色或灰白色;尾较短,不超过体长的一半,尾毛短而稀疏,上下毛色一致,为深灰色或黑褐色,尾尖白色。

(二)生态学及生物学习性

1. 栖息　大仓鼠主要栖居于土质疏松而干燥的旱作地区的农田,靠近农田的荒地、林地、草原等环境也稍有分布。栖息的方式也是扒洞穴居。洞穴多建在地势较高的田埂、路边、坟头、坡地、场边等处。

大仓鼠的洞穴比较复杂,每个洞穴有洞口5～6个,分进出洞口和隐蔽洞口。进出洞口圆形、光滑,平均直径5～6厘米。隐蔽洞口建在隐蔽处,洞口上用浮土堵塞而形成明显的圆形土丘。一般出入洞口入洞后20～30厘米左右垂直向下,然后洞道斜行向下,洞道全长可达2～3米。洞道很深,一般1～3米,内有窝巢和仓库,窝巢一般1个,多在洞道的最深处,直径11～36厘米,形如碗状,多用植物茎、叶做成,常有气孔直通地面。仓库1～4个,多的达8个,大多数3～4个,每个仓库贮粮1～2千克,新陈食物分开存放,每个洞系贮粮可达10千克之多。因有大量盗食和贮粮的习性,故名大仓鼠。

2. 活动　大仓鼠白天栖居洞中,夜间活动。每天黄昏前后出来活动,直到黎明前后复入洞穴栖息。活动范围很大,当取食地点较远时,活动范围可达1～2公里,如洞穴附近食物充足,则就近取食。

大仓鼠无冬眠习性,一年四季活动,但冬季贮粮多,很少出洞。一年中活动最高峰在秋熟作物的成熟期,因需贮存大量的越冬食粮,所以此时最活跃,进出洞穴最频繁。

3. 食性　大仓鼠的主要食物是植物的种子,如花生、小麦、大豆、玉米、谷子、杂豆等,也捕食昆虫等小动物。早春食物缺乏时,还取食植物的茎、叶。春季盗食花生等春播作物的种子,造成大面积缺苗断垄;夏季糟蹋麦穗,取食麦粒;秋季大量盗运花生、玉米、谷子等以备越冬。还能爬到果树上啃食梨、苹果等,为害相当严重。

4. 繁殖　大仓鼠的繁殖力较强,除冬季不繁殖外,春夏秋都可繁殖。一般 3～4 月份开始繁殖,10 月份结束,繁殖高峰在 4～5 月份和 8～9 月份,1 年繁殖 2～3 窝。每窝产仔 7～9 只,多的可达 15 只左右。孕期和哺乳期均为 22～23 天,幼鼠 2.5～3 个月即可繁殖。

六、棕色田鼠

棕色田鼠又叫北方田鼠。主要分布在山西、陕西、内蒙古、河南、河北等地。江苏通扬运河以南、长江以北的高沙土地带和安徽、江苏、湖北北部以及山东西部与河南接壤的高沙土地区也有分布。据河南的长垣、中牟等地调查,棕色田鼠约占当地鼠类的 20%～30%。

(一)形态特征　体长 100 毫米左右。尾短,仅 20 毫米左右,不足体长的 1/3,甚至 1/4。头部钝圆,耳短,眼极小。背毛黄褐色,腹毛淡黄褐色,前后足背面黄白色。

(二)生态学及生物学习性

1. 栖息　棕色田鼠主要栖居在土质松软、植被茂盛的旱作农田、果园、林地。在花生产区,花生田栖居的数量最多。与以上介绍的 5 种害鼠所不同的是,棕色田鼠长年在地下的洞道内活动、为害,为地下害鼠,所以洞穴很复杂。由地面的土丘、取食道、干道、仓库和窝巢构成。扒开土丘便可见到洞口。一个完整的洞穴一般占地 100 平方米左右,个别洞道长达 80 多米。洞径 28～51 毫米,洞道弯曲,分上下两层。因其在地下取食,所以沿取食路线形成极其复杂的多条支道,上通地面,下达干道。干道距地面 20～45 厘米,沿干道又分多条支道,下通窝巢和仓库。棕色田鼠常过着家族式群居生活,每个洞系内有鼠 5～7 只,多的达 10 多只。

巢多建在田埂、渠道的两侧,巢的形状有卵圆和球形两种,结构紧密坚实,用各类作物的茎、叶和杂草做成。

2. 活动　长年在地下洞道内活动,不冬眠。晚上有时上地面觅食。对花生田的为害活动高峰在花生播种期、苗期和荚果形成至灌浆中期。

棕色田鼠有推土封洞习性。封洞前先窥探洞外动静,然后迅速转身,用四肢急速扒土,并用臀部向外推土,呈土丘,动作敏捷。天气晴好时,10 分钟左右可封住洞口;天气变化、有风雨时仅用 3～4 分钟即可封好洞口。在扒掘洞道和封洞口时均将土推到地面呈土丘,因此可根据田间的土丘位置确定洞道的位置,也可用土丘数确定不同作物田的发生程度。

3. 食性　棕色田鼠在地下为害,主要取食旱作物幼嫩多汁的根部、块茎、块根、荚果、幼茎,特别喜食花生尚未成熟的荚果,也盗食作物的种子、取食杂草和林果、苗圃的嫩根。

4. 繁殖　棕色田鼠的繁殖力较低,春秋季繁殖,每窝产仔 4 只左右。但因其多在地下活动,地面设夹、投放毒饵捕杀效果差,受地面天敌的影响小,所以种群数量比较稳定,在一些高沙土地区为农田害鼠的优势种,为害相当严重。

第三节　花生鼠害的防治技术

鼠对人类的为害可以说是无处不有,所以,自古有"老鼠过街,人人喊打"之说。人、鼠大战持续了几千年,但至今仍"鼠丁兴旺",究其原因主要有以下几个方面:一是老鼠的适应能力极强,能够依附于人类,和人共生,随着人类活动范围的扩大而扩大,随着人类的发展而发展。二是几千年来,老鼠在人类和其他动物的长期捕杀下练就了一身防御的本领,比如觅食、筑巢多在安静、隐蔽的场所;行动小心谨慎,采取探索、回避、再探索的方式,不断发现环境中的隐蔽场所、食物、水源、洞穴和联系这些场所的安全通道;对环境中出现的新物体、新情况都存有戒心,不盲目行动;当遇到危险时能立刻作出反应,逃跑的速度可达 3.6 米/秒;老鼠的种群有等级森严的社会行为,当遇到新物、新情况时往往是老弱病残的鼠先行探视,当种群内的某个个体遇到危险时会将信息立即传给同伙。这些狡猾的生物学习性给人类灭鼠带来了极大的困难。三是老鼠有惊人的繁殖力,幼鼠长到2~3个月就可怀孕,怀孕20天左右就可产仔,产仔后几天又可怀孕,1 只雌鼠每年少的繁殖 2~3 窝,多的 6~7 窝,每窝产仔多在 6~8 只,并且,条件越优越,繁殖速度越快,繁殖量越大。四是人类对老鼠天敌的大量捕杀、大面积推广免耕少耕技术、农村实行生产责任制以来温饱问题解决后出现大量食物的浪费以及农田周围杂草丛生、隐蔽场所增加等,都为老鼠的生存创造了优越的生态条件。五是近 15 年来一家一户的个体经营给社会化的灭鼠运动带来很大困难,群众自发的灭鼠活动范围小、时间不统一、不适时,加之大多选用的是禁止使用的急性灭鼠药,虽然灭掉了部分老弱病鼠,短时间内鼠量有所减少,但很快又恢复到原有水平。防治方法的不科学不但没有使老鼠减少,反而帮助老鼠淘汰了老弱病鼠,优化了鼠群结构,改善了鼠群的生活条件,加快了老鼠的繁殖速度。

总结国内外灭鼠的经验教训,专家们一致认为,要想持续地控制老鼠的密度和为害,必须从两个方面着手:一是通过减少老鼠的食物来源和隐藏场所等农业防治措施,恶化老鼠的生存条件,降低老鼠的繁殖速度,使老鼠少生;二是通过捕杀、诱杀等物理、化学、生物的防治措施,提高老鼠的死亡率,使老鼠多死。也就是说农业防治措施可以治本,诱杀、捕杀等物理、化学防治措施可以治标,标本兼治才能收到理想的效果。概括起来,主要有以下几项措施:

一、恶化老鼠生存条件

(一)水旱轮作 长期旱作的农田生态环境相对稳定,鼠害发生量大,为害重。实行水旱轮作,推广稻茬种花生,可以改变土壤生态环境,大大减少鼠害的发生。

(二)深翻土地 在旱作地区,土地长期免耕少耕,甚至田埂、畦面多年不动,特别有利于害鼠的栖居、生活和繁殖。通过深翻土地,更新田埂和畦面,可以破坏害鼠的洞穴,使其无家可归,死亡率增加,繁殖率降低,从而减轻鼠害。

(三)清除杂草 田间害鼠多栖居于田埂、沟渠、路边、墓地等杂草丛生的隐蔽处,清除杂草,使害鼠隐藏条件恶化,洞穴暴露地面,不利于生存,鼠量减少,为害程度则可减轻。

(四)推行墓地改革 墓地是害鼠的群居地,墓地周围的农田是害鼠的重发地,将散布在农田内的坟墓集中迁入统一规划的墓地,不但可以节省农田,而且可以减轻害鼠的发生。

（五）统一作物布局　　实践证明,插花种植田、零星种植田、早播田和晚播田的鼠害都重。实行统一布局,鼠害分散,程度自然减轻。

（六）减少害鼠食源　　食物来源是害鼠生存的先决条件,只要尽量减少害鼠的食物来源,就可有效地控制鼠害的发生。一要保证作物及时收获,颗粒归仓。二要改善人们的住房条件,硬化室内地面,密闭房间,使害鼠不能入室。三要避免食物浪费,不乱倒、乱扔食物。四是粮食、饲料等食物要保管好,严防老鼠盗食。秋收后挖掘鼠洞内的仓库,将害鼠贮藏的冬粮扒出,处理后作饲料,捣毁鼠巢。

（七）人工捕杀　　在春播作物播种前和花生等作物中后期老鼠开始为害时,组织人力查找农田周围和居民区的鼠洞,做上标记,用水灌洞,将老鼠逼出鼠洞打死,可有效地控制鼠害。

如能大面积地推广以上配套的农业防治措施,并能长期坚持,就可长期控制害鼠的为害。

二、积极推广器械捕杀

捕杀害鼠的器械很多,有鼠夹(铁猫)、捕鼠笼、电子猫、粘鼠板等,使用最普遍的是 120 毫米×66 毫米×0.8 毫米规格的中型鼠夹。这种器械既能用于大田捕鼠,又能用于居民区捕鼠。每次使用后擦涂植物油保养,并存放在干燥处,可使用多年。在使用时应注意以下几点:

（一）布夹时间　　布夹时间要适时。花生等农田布夹时间应掌握在播种前 5～7 天和荚果灌浆成熟期害鼠为害开始时。室内及住房周围布夹的时间每年两次。第一次在早春 2～3 月份,害鼠尚未繁殖、没有迁到农田以前;第二次在 10～11 月份害鼠从野外迁回居民区时。每次应连续布夹 3～5 天,夜间布放,早晨收回。

(二)布夹地点 鼠夹要布在害鼠经常路过的地点。在田间,主要布在害鼠洞穴周围的田埂边、路边、坟头边以及花生等被害农田周围 5 米范围内。在居民区可调查鼠情后再布鼠夹,可根据害鼠留下的脚印、鼠粪以及鼠洞等确定布夹的地点,如墙脚、门边、鼠洞口、橱柜下、地下道出口处等。也可在害鼠经常活动的场所布放无毒饵料,2～3 米 1 堆,连放 3 个晚上。凡是饵料被取食的地方一律布上鼠夹。

(三)布夹的范围及密度 农田周围 5 米范围内,全面布夹,3～5 米布放 1 夹,所有需要防治的农田都要布放。居民区灭鼠,室内及住房周围都需同时布放,3～4 米布放 1 夹。

(四)选好诱饵 一要诱饵新鲜,二要老鼠喜食。常用的诱饵有甜瓜、西瓜、草莓、苹果、梨、鲜花生米、鲜玉米粒等。各地可因地制宜,选其中 1～2 种。也可同时选用几种诱饵,分开布放在田间或室内诱鼠取食,连放 2～3 个晚上,哪种诱饵消耗多,就选用那种诱饵。选用的诱饵要固定在饵钩上。

(五)伪装鼠夹 褐家鼠对鼠夹有新物反应,很少上钩。可采用先"请客"后捕杀的办法。即开始的两天只挂诱饵,不支别棍,使老鼠失去警惕后再支起别棍,即可将狡猾的老鼠捕获。居民区也可用草糠、锯末等将鼠夹伪装起来,使老鼠只见诱饵,不见鼠夹,同样能提高鼠夹的捕获率。

(六)鼠夹不可火烤 有人认为捕过鼠的夹子必须在火上烧烤后才能再用,否则老鼠不上夹。实际上,鼠夹不能在火上烧烤,否则会损伤弹簧,烧掉油漆,容易生锈,减少鼠夹的使用期。只要用棉花或棉纱、布条等蘸点植物油擦一擦即可再用。

鼠夹灭鼠的效果虽好,但农田内大面积使用不大现实。室内鼠密度小时可直接使用鼠夹捕杀,鼠密度大时可先用鼠药诱杀后再用鼠夹扫残。

三、合理保护利用天敌

在花生产区,鼠类的天敌主要有蛇、鹰、黄鼠狼、猫头鹰等,对控制害鼠有一定的效果,应注意保护利用,不能乱捕乱杀。不提倡养猫灭鼠。猫是人类驯养的家畜,其生存主要靠人喂养,不是以鼠为生,而且猫能够传播鼠疫、寄生虫,威胁人类的健康和安全,所以养猫灭鼠不但不宜提倡,而且应禁止养猫。

四、使用鼠药科学灭杀

使用鼠药灭鼠是长期以来最被重视、最为普遍的灭鼠方法,也是在鼠害严重发生时,见效最快的一种方法。因此,在鼠害严重的地区可以使用。但应掌握以下技术要点:

(一)药剂拌种　在花生等作物播种期,防治鼠害的最简单、最经济、最有效的办法是药剂拌种。花生可用辛硫磷和多菌灵拌种(详见花生茎腐病及蛴螬的防治)。也可用50%福美双可湿性粉剂(既是杀菌剂,又是驱鼠剂)和50%辛硫磷乳剂拌种,用药量各占种子重量的0.1%,即福美双50克+辛硫磷50毫升+水3升,匀拌花生种仁50千克。还可用40%拌种双粉剂(福美双与拌种灵的复配剂),按花生种仁重量的0.2%拌种。即拌种双100克+水3升,匀拌花生种仁50千克。拌后水分吸干即可播种。药剂拌种不但能预防鼠害,而且能预防花生病害。

(二)毒饵诱杀　毒饵由杀鼠剂、诱饵和附加剂三部分组成。毒饵灭鼠具有经济、使用方便、效果明显、适于大面积灭鼠等优点,但使用时应注意以下几点:

1. 选择最佳防治适期 用毒饵诱杀法防治鼠害的最佳适期同鼠夹法一样，农田在花生等春播作物播种前 5～7 天和秋熟作物灌浆成熟期鼠害零星发生时进行；居民区在秋熟作物收获后，褐家鼠、小家鼠等害鼠从田间迁回居民区后进行。南北时间不尽一致，一般在 10～11 月份。

2. 严格挑选鼠药 鼠药的种类很多，根据毒力发挥快慢，可分为慢性杀鼠剂、急性杀鼠剂和介于两者之间的亚急性杀鼠剂；根据鼠药作用的途径主要分为胃毒型（多数都是胃毒剂）、熏杀型（磷化铝）、驱鼠剂（福美双）；根据对人、禽、畜的安全性可分为推广类杀鼠剂（杀鼠灵、杀鼠迷、敌鼠钠盐、氯鼠酮、甘氟、杀它仗、灭鼠优、磷化铝、大隆、溴敌隆等）、控制使用类杀鼠剂（磷化锌、毒鼠磷、溴代毒鼠磷）和禁止使用类杀鼠剂（氟乙酰胺、毒鼠强、氟乙酸钠、鼠立死、毒鼠硅）。

由于鼠药的种类多，鼠药的市场混乱，加之害鼠与人类伴生，既要灭鼠效果好，又要高度注意人、禽、畜的安全，所以，选好鼠药特别重要。应根据害鼠类型、防治方法、防治地点的不同严格挑选。

（1）禁止使用的杀鼠剂：有些杀鼠剂毒性强、速度快，害鼠死在明处，表面上效果好，实际灭鼠率低。因为老鼠的群体等级森严，发现新物（毒饵）时都是等级低下的老弱病鼠先行探视、取食，由于此类鼠药毒力发挥快，老鼠取食后中毒症状明显，使老鼠的群体及时得到信息，不再取食。所以死掉的只是占少数的老弱病鼠。可以说，使用此类杀鼠剂帮助老鼠淘汰了老弱病鼠，优化了老鼠的种群，更有利于老鼠的繁衍。况且此类杀鼠剂对人、禽、畜极不安全，目前还没有有效的解毒药，一旦中毒无法解救，甚至来不及抢救就致人死亡，因此不得使用。目前市场上个体商贩销售的大多数是禁止使用的杀鼠剂，一定不要乱买。

（2）控制使用的杀鼠剂：有些杀鼠剂对人、禽、畜及老鼠的天敌毒性较大，有二次中毒现象，只能在农田和仓库灭鼠时与慢性杀鼠剂搭配使用，并且要在专业技术人员的指导下统一使用，不得与皮肤接触，农户不得自行购买、使用。

（3）推广类杀鼠剂也是灭鼠专家推荐使用的杀鼠剂：磷化铝为熏蒸杀鼠剂，用于鼠洞和非成品粮仓库熏蒸灭鼠；福美双为驱鼠剂，用于拌种防鼠。另外，以下 9 种都可用于制作毒饵：杀鼠灵、杀鼠迷、敌鼠钠盐、氯鼠酮为第一代抗凝血类杀鼠剂，慢性毒力强，适口性好，灭鼠彻底，安全性好，是我国大力推广的杀鼠剂。其配制毒饵的浓度（指有效成分）分别为 0.025％，0.03％～0.05％，0.05％～0.1％，0.005％～0.01％。大隆、溴敌隆、杀它仗为第二代抗凝血类杀鼠剂，安全、高效，灭鼠彻底，但价格昂贵，适合对第一代抗凝血类杀鼠剂产生抗性的地区及城镇灭鼠时使用。其配制毒饵的浓度（指有效成分）分别为 0.005％，0.005％～0.01％，0.005％。甘氟、灭鼠优为高效、比较安全的急性、亚急性类杀鼠剂，可与第一代抗凝血类杀鼠剂交替使用，防止长期单一使用一种杀鼠剂，老鼠产生抗药性。其配制毒饵的浓度（指有效成分）分别为 1％～1.5％，0.5％～2％。

近年来，经大面积灭鼠检验，目前我国推广的制作毒饵的最经济、最安全、最高效的杀鼠剂为氯鼠酮、敌鼠钠盐和甘氟，氯鼠酮和敌鼠钠盐要与甘氟交替使用。经济条件好的或老鼠产生抗性的地区或城镇，可以用氯鼠酮或敌鼠钠盐与大隆或杀它仗交替使用。这几种杀鼠剂都适合高浓度一次投毒，减少用工，降低成本。

3. 科学筛选诱饵和附加剂

(1)诱饵：诱饵是毒饵的重要组成部分,适口性再好的杀鼠剂也必须拌在老鼠喜食的诱饵中,制成毒饵,老鼠才会去吃。所以,选择好诱饵与选择好杀鼠剂一样重要。具体要做到"一生、二新、三性"。

一生：即用生的饵料,不要煮熟。生的饵料不变质,有清香味,接近自然,老鼠喜食;煮熟的饵料易发霉变质,而且易被人畜误食中毒。

二新：一是新鲜,最好在田间现取现用,如鲜玉米粒、鲜甜瓜、鲜西瓜、鲜花生米等,陈粮、霉变的食物不能作饵料。二是新加工,即现取、现做、现用。春季灭鼠田间取不到新鲜饵料,所选用的大米或花生等,必须新加工。

三性：即针对性、普遍性、诱惑性。针对性就是根据当地优势鼠种的取食习性选择诱饵。褐家鼠、小家鼠、黑线姬鼠食性杂,对饵料种类的要求不是太严,可根据作物的成熟期选择在田的成熟作物的果实或籽粒作诱饵。大仓鼠和黑线仓鼠喜食作物的种子,可以选用新鲜的玉米、小麦、大米、花生米作饵料。棕色田鼠长期营地下生活,取食作物地下部分,应选用花生荚果、山芋等块茎或根茎作诱饵。普遍性就是所选的诱饵要适合大面积灭鼠的需要,来源充足,价格便宜,使用方便,如新鲜的玉米、小麦、大米、花生仁等。诱惑性就是在食物充足的季节或环境内要选择害鼠平日不易得到而又特别喜食的食物作诱饵。如花生结荚期可用新鲜的小干鱼油炸后切碎、炒香的花生米切碎、甜瓜切碎作饵料效果好。再如仓库内多是干的粮食,如选用鲜山芋、水果、胡萝卜、甜瓜作诱饵效果比粮食好。

(2)附加剂：附加剂主要为引诱剂、粘着剂和警戒色。附加剂如需大批生产、长期保存,还需加防霉剂。①引诱剂。真正的引诱剂是能引诱老鼠取食毒饵的物质,目前尚未发现这样的物质。比较实用的是味觉剂。在毒饵中增加 1% 的植物油或 3% 的食糖、0.5% 的食盐、0.1% 的糖精、0.5% 的味精。因为不同的老鼠或同一种老鼠在不同季节的口味不尽相同,所以在大面积灭鼠前,可先用这些味觉剂分别拌在毒饵里做诱杀试验,然后筛选毒饵消耗最多的味觉剂作附加剂。②粘着剂。因多数的鼠药不溶于水,需要用粘着剂将其粘附在诱饵的表面。特别用干燥的固体食物做诱饵时,必须用粘着剂。常用的粘着剂主要有炼香的植物油和油盐浆糊。③警戒色。老鼠色盲,在毒饵中加少量的红色颜料(品红或红墨水),防止人、禽、畜误食中毒。也能防鸟误食(有些鸟讨厌红色)。

4. 正确配制毒饵　要根据鼠药的溶解性和毒饵的类型确定毒饵的制作方法。配制毒饵时必须严格按照规定的鼠药、诱饵、附加剂的比例进行配制,不要直接用手拌和或接触毒饵。配制的毒饵要妥善保存和管理,配制毒饵的工具、容器用后要反复清洗干净。

毒饵制作的方法主要有粘附法、湿润法、浸泡法、混合法。毒饵的类型有毒粒、毒块、毒糊、毒丸。

(1)粘附法:所有的杀鼠剂,特别是不溶于水的杀鼠剂,多用作物的籽粒,如玉米、小麦、大米、花生仁或切碎的小干鱼等作诱饵,毒饵的制作可采用粘附法。

其一,0.01% 氯鼠酮毒饵的配制:配方为 90% 氯鼠酮原粉 5.5 克,大米、小麦、切碎的花生仁或其他诱饵 50 千克,菜用油 1 千克(粘着剂)。氯鼠酮原粉不溶于水,配制的浓度很低,用量很少,直接使用不易拌匀,需要先配制母液,再和诱饵相拌。具体方法是:将菜用油 1 千克放入锅内,然后加入 5.5 克氯鼠酮,并将油温加热到 80℃ 左右,不断搅拌,待氯鼠酮全部溶解后,冷却,即制成 0.5％氯鼠酮油剂 1 千克。将 50 千克大米或其他诱饵放在塑料布上,再将配制的 1 千克氯鼠酮油剂慢慢倒入诱饵中,并用锨反复掺拌,直到拌匀后用塑料布包好堆闷 2 小时即制成 0.01％氯鼠酮毒饵。可用于一次饱和投毒法诱杀害鼠。

其二,用切成小块的瓜果、根茎作诱饵的毒饵配制:如用西瓜、甜瓜、苹果、梨、胡萝卜、山芋、马铃薯作诱饵,这些诱饵本身水分大,对杀鼠剂有较好的粘附作用,不需用植物油作粘附剂。可将诱饵切成 1 厘米见方的小块,放在塑料布上或盆内,然后根据毒饵的浓度要求,将氯鼠酮或敌鼠钠盐等杀鼠剂按一定比例拌入诱饵,拌匀即可使用。

(2)湿润法:用可溶于水的杀鼠剂(敌鼠钠盐、甘氟)配制毒饵时多用湿润法。

其一,0.1％敌鼠钠盐毒饵的配制:配方为 80％敌鼠钠盐 6 克,大米或小麦等诱饵 5 千克,水 0.5 升,菜油 50 毫升,红墨水 10 毫升,少量白酒。

将 6 克敌鼠钠盐放入少量白酒中溶解,加入 500 毫升热水,制成毒水。再将毒水慢慢倒入盛有 5 千克诱饵的容器中,边倒边拌,拌匀、水分吸干后再加入菜油和红墨水,即制成 0.1％敌鼠钠盐毒饵。适用于一次饱和投毒法诱杀害鼠。

其二,1.5％甘氟毒饵的配制:配方为 75％甘氟钠盐 100 克,大米或小麦等诱饵 5 千克,水 0.5 升,菜油 50 毫升,红墨水 10 毫升。

先将甘氟倒入水中溶解后制成毒水(甘氟易溶于水),再将毒水倒入诱饵中拌匀,水分吸干后加入菜油和红墨水,即制成 1.5％甘氟毒饵。适用于一次饱和投毒法灭鼠。

(3)浸泡法:用易溶于水的杀鼠剂甘氟和粮食制作毒饵

时可用浸泡法。配方为:75%甘氟钠盐100克,大米或小麦等诱饵5千克,水1.5升,菜油50毫升,红墨水10毫升。将1.5升水倒入大盆或缸内,加入100克甘氟,搅匀后倒入5千克大米或小麦,反复搅拌均匀后用塑料布盖严扎好,2~3小时翻1遍,浸泡1天,待水被吸干后取出晾干,最后将菜油和红墨水加上拌匀,即可使用。

(4)混合法:制作毒糊或面丸毒饵时用混合法。

其一,毒糊的制作:配方为75%甘氟钠盐100克或80%敌鼠钠盐6克,面粉5千克,菜油50毫升,食盐25克,水适量。先用菜油炸锅,加入食盐后再加水,面粉用少量水拌成面糊,开锅后倒入锅内反复搅拌成浆糊状停火,加入鼠药,拌匀即成毒糊。毒糊用作堵洞杀鼠。

其二,毒丸的制作:配方为80%敌鼠钠盐6克,面粉和玉米粉各2.5千克,白糖150克,水2.5升,红墨水或蓝墨水100毫升。先将面粉、玉米粉和敌鼠钠盐一起混合拌匀,再将白糖、墨水倒入水中化开成糖水,用糖水和面,最后制成黄豆粒大小的毒丸。毒丸用于室内灭鼠。可随制随用,也可将毒丸晒干后密封在塑料袋内备用。此法适合机械化大批量生产。由于毒丸有色,又是甜的,很像商店内卖的小糖丸,小孩容易误食中毒,所以使用毒丸要倍加小心。

5.巧妙使用毒饵

(1)毒饵灭鼠的时间和范围:用毒饵灭鼠的时间和范围同鼠夹法一样。详见鼠夹灭鼠。

(2)毒饵的选择:毒糊用于堵洞灭鼠,毒丸用于室内灭鼠,田间和室外灭鼠可选用敌鼠钠盐或氯鼠酮毒饵与甘氟毒饵交互使用。

(3)毒饵的投放:根据灭鼠范围和毒饵投放地点的不同,

合理选用毒饵的投放方法。

其一，田间毒饵的投放：根据害鼠大都在农田四周为害的特点，用食饵消耗法测定，四周田埂上的食饵消耗率占80%以上，田中间只占20%以下。所以田间灭鼠，要将毒饵投放在田四周的田埂边、路边、沟边、渠边、坟头边。采用一次饱和投饵法，2米远放1堆，每堆放10克左右。一般于春季和秋季各投毒饵1次即可。如鼠量大，采用一次饱和投饵法不能控制鼠害，可隔5～7天再采用一次饱和投饵法投放毒饵1次。

其二，居民区毒饵的投放：家鼠的新物反应明显，特别是褐家鼠非常狡猾，投放毒饵前必须先投放无毒的诱饵，称做前饵，用作迷惑家鼠，消除其新物反应。前饵投放在家鼠经常活动的场所，如室内的墙边、橱柜下、门两边及室外的地下道出口处、树根下、圈厕周围等。每隔2米远放1堆，每堆放诱饵10克，每天晚上禽、畜进圈后的天黑前投放，早晨禽、畜出圈前检查前饵消耗情况，对于前饵消耗多的堆，第二天晚上加倍投放。当连续2个晚上的前饵消耗量基本相同时，说明家鼠已经解除顾虑，可以投放毒饵。毒饵投放在前饵消耗多的地方。如采用一次饱和投毒，毒饵投放量和前饵消耗量一样。如采用低含量的毒饵需连续投毒2～3个晚上，每晚毒饵投放量则是前饵消耗量的一半。

其三，毒糊堵洞：毒糊堵洞的方法比较简单，事先查找沟、渠、路、田埂边及坟头上的鼠洞，采用堵洞盗洞法确定有鼠洞穴。即将所有洞口用土堵上，并插上标记，两天后凡是洞口被重新盗开的，则确定为有鼠洞穴。春季选用未长霉的玉米穗轴，秋季选用新鲜的玉米穗轴，截成3～5厘米长，一端蘸上毒糊，将所有盗开的洞口全部堵上。玉米轴的直径要稍大于洞口的直径，确保塞紧洞口。洞中老鼠取食毒糊死于洞中。

其四,洞穴熏杀:利用害鼠白天栖居洞中的习性,除采用毒糊堵洞法灭鼠外,还可以用磷化铝片剂进行洞穴熏杀。具体方法是:同毒糊堵洞法一样,事先用堵洞盗洞法确定有鼠洞穴,然后在每个有鼠洞穴内投放2片磷化铝,随即用硬土块或石块将所有的洞口堵上,再用细土踏实堵严。磷化铝吸收洞中的潮气,分解放出磷化氢毒气,将害鼠毒死于洞中。磷化铝容易吸潮分解失效,因此,装磷化铝的盒盖必须密封防潮,打开盒盖后要尽快用完,投入鼠洞后要立即封严洞口。

五、鼠药中毒的预防和救治

目前使用的杀鼠剂对人、禽、畜都是有毒的,前文介绍的几种只是相对而言比较安全的杀鼠剂,并不是对人、禽、畜无毒,所以在购买、配制、使用和保管杀鼠剂时务必小心谨慎,严防人、畜、禽中毒、死亡事故的发生。

(一)中毒的预防　要购买本书推荐的杀鼠剂,没有商标和生产厂家的或不是本书推荐的杀鼠剂不得购买,特别是个体商贩推销的杀鼠剂不要购买;最好专人采购、专人保管;统一组织专业队,在技术人员的指导下,统一配制、统一使用毒饵,尽量不要分给农户(室内投放可分户进行);配制和投放毒饵一定要戴上手套或使用工具,不要用手直接接触;投放毒饵期间严防在田间放牧或散放禽、畜;无论田间还是居民区灭鼠,对死在洞外的老鼠应及时处理深埋,以防牲畜或其他动物误食中毒或生蛆污染环境;毒饵尽量现配现用,用后如有剩余应全部收回统一深埋销毁;盛放鼠药或毒饵的盆、缸、锅、瓶、盒等要反复用碱水清洗或销毁或由专人保管,以备以后灭鼠时再用,但不得盛放食物;中毒死亡的禽、畜要深埋,不能食用。

（二）中毒的救治　成人或小孩误食鼠药中毒死亡的事故各地时有发生，往往都是不能及时对症救治所造成。现介绍几种常规的救治方法，供急救时参考。

1. 不知道鼠药名称的中毒救治方法　发现有人中毒，应立即灌入清水催吐，反复洗胃，并及时送医院（最好一边灌水洗胃、一边往医院送）救治。救治最有效的方法是输液，成人一般先输 1 瓶 500 毫升的 10％葡萄糖液（内加 2 克维生素 C，0.2 克维生素 B_6，40 毫克 ATP，100 单位辅酶 A），再输 1 瓶 5％葡萄糖氯化钠注射液（内加抗生素）。中毒严重的可适当增加输液量。儿童用量减半。

2. 知道鼠药名称的中毒救治方法　除采用上文讲的催吐洗胃、输液的方法外，如误食的是敌鼠钠盐、氯鼠酮、杀鼠灵、杀鼠迷、溴敌隆、大隆、杀它仗等抗凝血杀鼠剂，应立即口服特效解毒剂维生素 K_1，口服量：成人 15～25 毫克，儿童（12 岁以下）5～10 毫克；肌内注射：成人 10 毫克，儿童 5 毫克。如误食的杀鼠剂是甘氟，应立即用解氟灵（乙酰胺）救治。如误食的是禁用的剧毒杀鼠剂氟乙酸钠、氟乙酰胺、毒鼠强、毒鼠硅、鼠立死，这些药目前尚无特效的解毒剂，并且因为这类杀鼠剂发挥作用快，往往来不及抢救就已中毒死亡。所以一旦误食这类鼠药，必须立即用清水催吐洗胃，迅速送医院输液（方法同上），并立即用解氟灵抢救，发现得越早、抢救得越迅速就越有希望。

第五章　花生病虫草鼠害综合防治规范

　　以上四章比较详细地介绍了危害花生的主要病虫草鼠的识别、危害规律、测报办法、防治技术，使读者对各个单一病虫草鼠害的发生消长、预测、防治有了比较系统的认识。但由于危害花生的病虫草鼠的种类繁多，往往在同一时期内有多种病虫草鼠害同时发生，或者在一个时期内某种病虫草鼠害发生重，而其他病虫草鼠害危害较轻；有些危害种类主要发生在花生生长的前期，而有些危害种类主要发生在花生生长的后期。因此，在系统掌握各单一病虫草鼠害的基础上，还必须从花生生长发育的总体出发，对花生各个生育期内危害的病虫草鼠的种类及发生危害程度进行综合分析，研究花生病虫草鼠害的发生与花生生育期、土壤、气候、施肥等环境条件的关系，分清主次，把握主攻目标，采取综合防治措施，减少防治次数，尽量少用或不用化学农药，进而达到高效、无毒或低毒、无残留或低残留的防治目标。本章根据江苏、山东、河南、河北等花生主产区花生病虫草鼠害的发生规律及笔者研究掌握的新技术、新成果，特制定花生病虫草鼠害综合防治技术规范，供各地参考。

第一节　花生病虫草鼠危害的共同特点

一、花生病虫草鼠危害的部位

　　(一)危害花生的根、茎　危害花生根部的主要有有蛴螬、金针虫、根结线虫病、茎腐病、青枯病和肥害;危害花生地下茎的主要有蛴螬、金针虫、地老虎和茎腐病,苗期的蚜虫也为害子叶以下的嫩茎;危害花生地上茎的主要是茎腐病。

(二)危害花生的种仁和荚果　播种期危害花生种仁、造成缺苗的主要有鼠害、金针虫、种子上所带的病菌以及因肥害、低温、播种方法不当等引起的烂种;中后期危害花生荚果的主要是蛴螬、鼠害、病毒病和倒秧病。

(三)危害花生的叶片　蚜虫、棉铃虫等地上害虫及叶斑病、斑驳病毒病、纹枯病、网斑病、锈病等叶面病害主要危害花生的叶片。

(四)危害花生的果针　主要是蚜虫、蛴螬。

(五)危害花生的整株　缺肥病和草害对花生的根、茎、叶、花和荚果都有明显的影响。

二、花生病虫草鼠危害的主要时期

(一)播种至出苗期　齐苗、全苗是花生高产的基础,播种至出苗期不仅是花生齐苗、全苗的最关键时期,而且也是培育壮苗的关键时期。影响花生齐苗、全苗的主要因素是烂种病、地下虫害和鼠害。

(二)苗期　苗期是草害、蚜虫、病毒病、倒秧病、根结线虫病、缺肥病、地老虎及越冬大黑鳃金龟成虫和幼虫危害的高峰期,也是培育壮苗、搭好丰产架子的重要时期。

(三)开花下针至结荚期　这一时期是蛴螬、伏蚜、棉铃虫、纹枯病、根结线虫病危害的高峰期。

(四)荚果成熟期　荚果成熟期是花生网斑病、叶斑病、锈病等叶面病害及鼠患危害的高峰期。

三、花生病虫草鼠害防治的关键期

（一）播种期　播种期是控制花生整个生育期病虫草鼠害危害的最关键时期。也就是说，通过播种期的防治可以控制或减轻花生整个生育期病虫草鼠害。倒秧病、根结线虫病、烂种病、缺肥病、金针虫、越冬的大黑鳃金龟蛴螬、大黑金龟子及所有的草害，都可通过播种期的防治达到控制危害的目的。其他病虫鼠害也能通过播期防治减轻发生程度。

（二）苗期　苗期是控制大黑金龟子、蚜虫、病毒病和地老虎的关键期。

（三）开花下针至结荚期　露地栽培春花生的开花下针期或地膜春花生的结荚初期是插放毒枝诱杀铜绿金龟子和暗黑金龟子，控制中、后期蛴螬为害的关键期。结荚期也是防治伏蚜、棉铃虫、蛴螬、纹枯病的关键期。

（四）荚果成熟期　尽管花生叶面病害的种类以及害鼠的种类很多，但危害的高峰期都在花生的荚果成熟期，这为集中防治提供了有利的条件。因此，荚果成熟期是防治花生后期叶面病害和鼠害的关键期。

第二节　　花生病虫草鼠害综合防治的原则

一、预防为主综合防治的原则

（一）预防为主　预防为主，即以防为主、以治为辅，是花生病虫草鼠害防治的首要原则。所谓预防为主，简单地讲，就是针对花生病虫草鼠害发生发展的薄弱环节，在严重危害发生之前，及早采取有效措施，达到控制发生或推迟发生或减轻发生、以至于不用或少用化学农药防治的目的。坚持预防为主的原则，不但可以控制或减轻花生病虫草鼠害的危害程度，避免或减少损失，而且可以防止因病虫草鼠害严重发生而大量使用化学农药所带来的增加成本、农药残留、污染环境、危害人类健康和安全等不良后果。如选用抗病品种、四级选种、覆盖地膜、水旱轮作、播后及时喷施除草剂、种子处理、置放毒叶（毒草）以及插毒枝诱杀金龟子等，都是贯彻以预防为主控制病虫草鼠害的重要措施。

（二）综合防治　实践证明，大多数的病虫草鼠害都不能单靠哪一种方法来有效地控制，特别是不可能通过单一使用化学农药达到长期控制其危害的目的，而是必须将各种有效的防治方法很好地结合起来，互相取长补短，共同发挥作用，才能达到持续控制危害的目的。比如花生叶斑病、网斑病、纹枯病等叶面病害，必须将抗病品种、农业防治和农药防治3种方法结合起来才能提高防治效果；花生病毒病的防治必须靠四级选种、覆盖地膜、苗期及时用药防治蚜虫的综合措施才能收到良好的防效；再如鼠害的防治也必须靠恶化其生存环境、减少其食源、巧妙地使用捕鼠器和杀鼠剂等方法的密切配合，才能持续地控制其为害。

二、高度重视农业防治的原则

（一）农业防治的概念　农业防治实际上是人类在掌握农作物病虫草鼠害发生发展规律的基础上，根据各种病虫草鼠害发生的共同点和不同点，以控制主要病虫草鼠害为目标，对农业生产的条件或称为农业生态系统进行人为地、有计划地改造或调整，达到有利于农作物生长发育、优质高产，而不利于病虫草鼠害发生和危害的目的。

（二）农业防治的重要性　农业防治措施同样也是花生高产、优质栽培的重要技术，是栽培技术与防治技术的统一。所有的农业防治措施都能够减轻或推迟花生病虫草鼠害的发生和危害，在综合防治中发挥重要的作用。甚至单独使用农业防治技术就可持续控制某些病虫害的发生。如水旱轮作不但可以改良土壤，而且可以根治金针虫和大黑鳃金龟蛴螬，对暗黑鳃金龟和铜绿丽金龟两种蛴螬也能达到持续控制的目的，不需要再用农药防治。在无水旱轮作条件的地区或田块，在大黑金龟子的出土高峰期人工捡虫2～3次即可控制大黑鳃金龟蛴螬的为害。在花生播种前以及结荚期开始出现鼠害时进行2次人工以水浇灌鼠洞、捕杀害鼠，就可控制花生鼠害的发生，无需使用杀鼠剂。双膜覆盖栽培的反季节菜用花生，病虫害发生都很轻，都不需用药防治。

农业防治技术不但可以控制病虫草鼠害的发生，而且对大自然没有破坏作用，不污染环境，对提高花生品质、生产无公害花生有重要作用。

三、花生田防治与其他田块防治相结合的原则

一个地区不可能所有田块都种花生，同一田块也不可能始终都种花生，且大多数虫害、草害和鼠害都能够危害多种作物。比如蛴螬、金针虫能够为害所有的旱作物，地老虎可以为害所有的春播作物，花生、粮食、瓜果、蔬菜等作物都遭害鼠为害，同一地区旱田的草害种类也基本一样。因此要想持续地控制花生病虫草鼠害，对其他寄主作物田也要进行防治，以减轻对花生田的危害程度。

四、简便易行、低本高效的原则

再先进的科技成果,再好的技术,如果过于烦琐、不好操作,就不可能大面积地推广应用。要想大面积地推广应用,必须简便、易于接受,并且不能超过农村现有的投入水平,尽量做到投入少、成本低、防效高。

五、综合防治的原则

(一)田内尽量不用或少用化学农药 长期依赖化学农药防治花生以及与花生轮作作物的病虫草鼠害,不但会使病虫草鼠产生抗药性,用药量越来越大,成本越来越高,防效越来越差,而且会污染环境,杀伤天敌,破坏生态平衡,引起人、禽、畜农药中毒,使花生荚果的农药残留量和用花生秧饲养的牲畜肉的农药残留量增加,进而威胁人类的生命和健康。因此,在花生和其他农作物病虫草鼠害的综合防治中,特别是在虫害的防治中,田内尽量不用或少用化学农药。能用其他方法防治的,就不用农药防治;能在播种期使用农药防治的,就不在生长期用药防治;能用少量农药防治的,就不要多用农药防治。比如花生倒秧病,通过多菌灵拌种就可控制发生;对为害花生的蛴螬完全可以通过置放毒叶、毒草(大黑鳃金龟)和插放毒枝(暗黑鳃金龟和铜绿丽金龟)诱杀成虫来控制发生,根本不需要田内用药防治幼虫(蛴螬);播种期 1 次喷施除草剂就能控制花生整个生育期杂草的发生;前文提到的一些农业防治措施也能防止某些病虫害的发生。

(二)使用安全、无残毒或低残毒的农药 花生产区,无论是花生田,还是其他作物田,都要禁止使用甲拌磷(3911)、呋喃丹、氯丹乳油等高残毒、剧毒或高毒的农药,一定要选用低毒高效、无残毒、无污染的农药。但由于农药的种类很多,有剧毒高效、高毒高效、低毒高效的品种,也有高污染、高残毒、无污染、无残毒或低残毒的品种,加之经销农药的部门和个体商贩很多,农户很难辨别和选择合适的农药品种。所以,本书第一至第四章推荐了目前市场上能够买到的安全、高效、无残毒或残毒很低的农药品种,以供各地选用。

(三)用药量要准确 再低毒、安全的农药也还是有毒,用量过高,不但容易使病虫草鼠产生抗药性,降低防效,而且易引起人、禽、畜中毒事故的发生,花生也易产生药害;用量偏低,又不能收到预期的防治效果。因此,必须按照本书推荐的用药量施药。其他农药,一定要在当地农技人员的指导下使用。

(四)施药方法要科学 为了防止危害花生的病虫草鼠产生抗药性,不能长期单一地使用某一种农药防治一种病虫草鼠害,一定要注意农药间的搭配,交替使用;应根据花生某一生育期内的主要病虫害,选用 2～3 种农药配合使用,瞻前顾后,达到 1 次施药,控制多种病虫害的目的;防治叶面病虫害时,为防止雨水的冲刷,有乳剂的农药,尽量选用乳剂,而不用粉剂;施药方法应采用喷雾法,不用喷粉法;喷药的时间应在雨后 1～2 天进行,如喷药后 24 小时内有大的降水过程,雨后应补喷;因花生荚果在地下,为防止残毒和污染,土壤内尽量不施农药;防治地下害虫可采用拌种法和地下害虫地上治(即防治成虫)的办法解决。

(五)地膜花生收后要清除地膜 随着地膜覆盖栽培面积的不断扩大,花生收获后的废弃地膜成为环境白色污染的污染源,应及时清除干净,卖给废品回收站,以防止污染土壤,影响花生等农作物的品质。

第三节　花生病虫草鼠害综合防治规范

一、播种前防治

(一)选用高产、优质、抗病品种

1. 目前北方花生主产区推广的高产优质抗病品种

鲁花 3 号　该品种是山东省花生研究所利用协抗青作父本、徐州 684 作母本杂交育成,株型紧凑,茎枝粗壮,抗倒伏,抗旱耐瘠性好,生育期 125 天,结果集中,荚果中等偏大。春播露地栽培每 667 平方米产量可达 250～300 千克,地膜覆盖栽培每 667 平方米产量可达 350～400 千克,属于抗病高产品种,适合在青枯病易发区种植。

鲁花 9 号　适应性好,可春播、夏播,产量水平 300～500千克/667 米^2。荚果及种仁的外观品质好,基本符合大花生出口标准。

鲁花 11 号　中熟大粒花生,生育期 135 天左右,株型紧凑,结果整齐而集中,抗倒伏。产量水平 400～500 千克/667米^2,适合高产栽培。耐瘠、耐湿性差,要开好三沟、竖畦横垄种植,保证雨过田干,以防烂果。

鲁花 14 号　中早熟大粒花生,百果重 220 克左右,百仁重 90 克以上,出仁率 74％左右。结果多而集中,双饱果多,比鲁花 9 号增产 10％～12％,产量水平 400～500 千克/667米^2,属高产品种。不足之处是耐湿性差,易发生烂果,种仁皮色不好看。

花育 16 号　中早熟大粒花生,生育期 130 天左右,适合春播和麦田套种。株高中等,结果较集中。百果重 210 克左右,百仁重高达 96 克左右,出仁率 73%左右,比鲁花 11 号增产 12%～14%,产量水平 400～500 千克/667 米²。排水不好的田块有烂果现象,适合通透性好的砂壤土、青沙土、岭沙土、沙性岗黑土种植。

花育 17 号 普通形大花生,株型偏高,分枝粗壮,叶片偏大,结果较集中,整齐度好,双果率高。种皮浅粉红色、好看,外观品质好。百果重 240 克左右,百仁重 96 克左右,出仁率 72%,符合出口大花生标准,比鲁花 11 号增产 10%左右,产量水平 400～500 千克/667 米²,可用于高产优质栽培。和花育 16 号一样,应推广竖畦横垄栽培,开好丰产沟、腰沟、田边沟,注意后期排水、降渍,及时收获,以防烂果。

农大 818 山东省农业大学辐射选育而成的出口型大花生,比鲁花 11 号增产 8%左右,最大的优点是油酸/亚油酸的比值达到 2.14,居当前推广品种之首,耐贮性较普通品种显著提高。

徐花 5 号 属春、夏播兼用,大粒型高产新品种。百果重 190 克左右,百仁重 80 克左右,出仁率高达 75%。种仁皮色粉红鲜艳,外观品质好,符合出口标准。产量水平 400～500 千克/667 米²。缺点是种子休眠期短,应及时收获,以防发芽。

徐花 6 号 为早熟高产大花生品种,夏播生育期 110 天左右,适合夏播及早春双膜菜用栽培。夏播百果重 220 克左右,百仁重 85 克左右,比鲁花 9 号增产 13%～20%。缺点是荚果大小不够整齐。

徐早花 1 号 是徐州市农业科学研究所选育的菜用型花生新品种。荚果大中型,春播保护地栽培,95 天即可采果上市,鲜果产量水平 600～1 000 千克/667 米²,比鲁花 9 号增产 15%左右。该品种株型紧凑,结果集中,果型好看。鲜花生煮食,香甜松脆,口感好,是我国第一个以菜用花生命名的品种。

2. 提倡夏花生留种 同夏山芋留种一样,夏花生留种生活力强,耐贮性好,增产显著,是花生品种复壮、防止退化、保持稳产的重要措施。

3. 不从重病区调种 不得从根结线虫病、青枯病区调种,以防病害的扩散。

4. 大力推广四级选种 所谓四级选种就是块选(选长势好、品种纯、病虫害轻、产量高的田块留种)、株选(摘果时选结果多而整齐的单株留种)、果选(在株选的基础上选双饱果留种)、仁选(播种前剥壳时,将小粒、破皮、变色、有紫斑的种仁剔除)。四级选种是防治花生病害的重要措施,也是花生提纯复壮、高产稳产的重要技术。

5. 注意种子保存 花生种在贮存过程中,应经常拿到户外吹风晾晒,防止霉变。

(二)合理轮作

1. 水旱轮作 有条件的地区推行稻茬种花生,实行水旱轮作,是防治花生病虫草鼠害的最有效、最经济的无公害措施。通过水旱轮作,不但可以控制蛴螬、金针虫、根结线虫病、青枯病的发生,不需用药防治,而且可以大大减轻草害、叶斑病、网斑病等病害的发生程度。

2. 旱旱轮作 无水旱轮作条件的山区、岭地,实行花生与山芋、西瓜、小麦、玉米等旱旱轮作 1～2 年,青枯病、根结线虫病易发地区轮作 3～5 年,对花生病害有明显的防治效果。

(三)深耕土地 "耕深加一寸(3.3厘米),等于上茬粪"。深耕不但可以改良土壤,提高土壤肥力,使作物高产,而且,可以明显地减轻花生病虫草鼠害。

(四)认真搞好春季灭鼠 搞好春季灭鼠,不但可以保证花生全苗,而且是控制全年鼠害的最佳时期,具体防治办法详见第四章第三节。

(五)早春耙地保墒、清除杂草 早春耙地除能保墒外,还能防除田间杂草,减少地老虎的落卵量及大黑金龟子的食物来源。因此,早春及遇雨后应及时耙地。

二、播种期防治

(一)科学施好基肥

1. 多施腐熟的有机肥 使用有机肥是改良土壤、培肥地力、提高产量和提高花生品质的有效措施,每 667 平方米施用量不得低于 1 000～2 000 千克。但有机肥中混有大量的草种和病株残体,必须充分腐熟后才能施用。

2. 搭配氮磷钾复合肥 详见第一章第十节。

3. 注意种肥比例,防止烧种 详见第一章第九、十两节。

(二)提高整地质量

1. 精细整地 精细整地要做到深、细、松、软、平。

2. 畦宽适宜、竖畦横垄 畦宽 3～4 米,高垄双行、竖畦横起垄,便于排水降渍,防止烂果,还能促进通风,改善田间小气候,降低田间湿度,减轻病害的发生,增强花生的光合作用,提高花生的产量。

3. 三沟配套 花生最怕雨涝、渍害,必须开好丰产沟、腰沟、田边沟,并疏通外围沟系,保证沟沟相通、雨过田干。

(三)搞好种子处理

1. 晒种 花生播种前 5～7 天,选晴好天气,将花生种带壳晒 1～2 天,去除潮气,杀死果壳上的病菌,以保播后出苗快、全、齐、壮。

2. 剥壳 剥壳不得过早,以防走油、变质,影响出苗。一

216

般在播种前 2～3 天进行。

3. 选种　花生种剥壳后,要将小粒及变色、破皮、带有紫斑的种仁拣除。使用颜色鲜艳、大小一致的种仁作种。

4. 药剂拌种　不提倡花生浸种,只需拌种。用 50% 辛硫磷乳剂 50 毫升加 40% 多菌灵胶悬剂 100 毫升,或 50% 多菌灵粉剂 100 克加水 3 升,匀拌花生种仁 50 千克(可种 2 000 平方米地)。

(四)抓好播种质量

1. 适时播种　早春双膜菜用花生、地膜覆盖春花生、露地春花生的适宜播种期分别为 3 月 20 日左右、4 月 15 日左右、4 月底至 5 月上旬。春季瓜套花生的适播期在西瓜或甜瓜收获前 10～15 天,一般在 5 月 15～25 日。

2. 适墒播种　提倡雨前抗旱播种。如雨后播种,一定要待土壤稍干时适墒播种,严防烂种。

3. 合理密植　每 667 平方米播种密度为:双膜菜用花生 9 000～9 500 穴,地膜春花生 8 000 穴,露地春花生 8 000～8 500 穴,夏花生 9 000～10 000 穴。

4. 播种深度适宜　播种深度为:露地播种 3～5 厘米,地膜覆盖播种 2～3 厘米。

5. 施药播种　根结线虫病发生区应在播种沟内施药防治根结线虫。详见第一章第五节。

6. 合理覆土　一要先覆湿土,后覆干土;二是造墒播种或雨后播种的覆土后不要压得太实。

7. 及时喷施除草剂　花生田化学除草喷施除草剂的最佳时间是随播种随喷施。双膜菜用花生,可喷施除草剂后立即盖地膜和弓棚膜,7 天后打孔播种。具体方法见第三章。

8. 及时覆盖地膜(双膜覆盖的及时覆盖弓棚膜)　地膜

覆盖栽培是防病、防虫、高产的重要措施,应大力推广。地膜春花生随播种、随喷施除草剂、随覆盖地膜。夏花生是齐苗后及时覆盖地膜,覆膜后随时将花生苗抠出膜面。

(五)大黑金龟子发生区要抓好露地春花生的播期防治

1. 人工拾虫　露地春花生田大黑金龟子的出土高峰在花生出苗前,可在出土高峰内于晚上 9 时后持灯下田,捡拾田内出土的大黑金龟子,5～7 天捡拾 1 次,连续捡拾 2～3 次,即可控制大黑鳃金龟蛴螬的为害。

2. 毒草、毒叶、毒枝诱杀　如不捡虫,可采用诱杀法防治。详见第二章第一节。

三、苗期防治

(一)及时清棵蹲苗　清棵蹲苗是培育壮苗的重要环节,还能控制倒秧病、蚜虫、病毒病的发生,应引起重视。特别是播种深度在 3 厘米以上的田块,更应及早清棵蹲苗(花生出苗顶土时进行)。

(二)及时喷药防治花生蚜虫和病毒病,兼治大黑金龟子和地老虎　花生齐苗时每 667 平方米用 5%高效大功臣可湿性粉剂 15～20 克,或 2.5%扑虱蚜可湿性粉剂 20 克,或 30%蚜克灵可湿性粉剂 20～30 克等高效、长效、低毒的农药,加水 20～30 升用手压喷雾器,或加水 10 升用弥雾机叶面喷雾防治。

四、开花下针期至结荚期防治

(一)全面插放毒枝诱杀暗黑、铜绿金龟子　就花生病虫草鼠害防治的总体分析,造成花生残毒和环境污染的主要因素是花生田防治蛴螬时大量使用化学农药所致。因此,推广毒枝诱杀技术防治金龟子、控制蛴螬,是花生病虫草鼠害综合防治的重点。具体防治技术详见第二章蛴螬部分。

(二)挑治伏蚜、棉铃虫、纹枯病 春花生田的伏蚜、棉铃虫、纹枯病的防治适期都在 7 月上中旬,可根据田间的发生程度,选用纹霉星或井冈霉素加快杀灵或高效大功臣或阿维菌素等高效低毒杀虫剂进行挑治。详见前文有关章节。

(三)化学控旺 在春、夏花生基本封行时,每 667 平方米用多效唑 30～50 克(长势旺的 50 克、长势差的 30 克)加磷酸二氢钾 100 克,对水 30～50 升,叶面喷雾。春花生应掌握在 6 月下旬至 7 月上中旬的第一次透雨后 2 天内及时喷施,否则雨后花生迅速生长,造成疯秧,严重减产。喷施多效唑可以控制花生旺长,使花生叶片变厚,叶色变深,营养生长与生殖生长协调,长势非常整齐,还能改善田间的通风透光条件,花生抗病力增强,发病轻,花生结果多而整齐,产量高。

五、荚果成熟期防治

(一)药肥混喷防治花生叶面病害 花生进入荚果成熟期,营养生长逐步衰退,加上温、湿度适宜,褐斑病、黑斑病、网斑病、焦斑病、锈病等多种叶面病害齐发,造成花生大量落叶、未老先衰,使花生大幅度减产。因此,药肥混喷,治病与"扶贫"相结合,是防止花生早衰、控制花生叶病、提高花生产量和品质的重要环节。防治适期在 7 月下旬至 8 月初。如 7 月下旬至 8 月上旬连阴雨,春花生田应于 7 月下旬防治 1 次,隔 10～15 天再防治 1 次;如 7 月下旬至 8 月上旬持续高温、无雨,地膜春花生不需防治,露地春花生可于降水后防治 1 次即可。夏花生一般只需在 8 月上中旬防治 1 次。配方为:每 667 平方米 0.25 千克尿素＋150 克磷酸二氢钾＋20～30 毫升

20％粉锈宁(三唑酮)＋100 克农抗 120(生物农药)＋50 克 80％代森锰锌可湿性粉剂或 75％百菌清可湿性粉剂或 25 毫升 40％甲基托布津胶悬剂,对水 40～50 升用喷雾器或对水 10 升用弥雾机,叶面喷雾。

(二)综合治理、消灭鼠害　具体方法见第四章第三节。

六、收获期防治

(一)结合收获及时清除根结线虫病、茎腐病、青枯病的病株　根结线虫病、青枯病的新病区,应在发病后或收获时及时将病株连根挖出,根茎果全部带到田外集中烧毁。对后期发病的茎腐病病株也要单独收获,不得留种。

(二)及时清除脱落田间的病叶　花生纹枯病、褐斑病、黑斑病、网斑病主要靠脱落田间的病叶进行下一年的侵染发病,加之花生收获后病叶大都在土表,便于清除。所以,结合花生起收,及时清除田间病叶,对控制来年病害的发生程度有重要意义。

(三)结合荚果的复收人工灭虫　花生起收时有不少荚果遗留地下,大部分农户要进行刨土复收。可结合复收将刨出的地下害虫杀死,除虫效果高达 50％左右。如在秋播时结合耕地进行犁后捡虫,还可杀死 30％左右的地下害虫。

(四)挖掘害鼠的洞穴或用水灌杀害鼠　在花生等秋熟作物收获后、害鼠尚未迁回居民区以前,将田间、田埂、沟边的鼠洞扒开,挖出洞穴中盗存的食物,砸死洞中的害鼠。对坟头、水库边、河岸上的鼠洞可用水灌杀洞中的害鼠。

七、其他作物田的配合防治

第一,秋播期搞好小麦药剂拌种,防治蛴螬。蛴螬发生量最大的是花生田,在花生产区,花生的后茬大多播种小麦,小麦苗期受害严重。用 50％辛硫磷乳剂或 40％甲基异柳磷乳剂 50 毫升加水 3 升,拌麦种 50 千克,拌后水分吸干即可播种,保苗效果可达 99％～100％,杀虫效果高达 80％～90％。

第二,大黑鳃金龟发生区,于大黑金龟子出土高峰期,搞好小麦、油菜等越冬作物田大黑金龟子的防治。大黑鳃金龟属固定发生的地下害虫,在大黑鳃金龟发生区,所有的旱作田都有大黑金龟子的分布。要想持续控制其为害,除花生田防治外,还需要在大黑金龟子出土高峰期,每 667 平方米使用 5％高效大功臣15～20 克或 25％快杀灵 50 毫升,对水 30～40 升,对小麦、油菜等越冬作物田进行喷雾防治成虫。兼治越冬作物田蚜虫。

第三,在铜绿金龟子、暗黑金龟子出土高峰日,除春玉米及水田外,全面插放毒枝诱杀金龟子。详见第二章第一节。

金盾版图书,科学实用,
通俗易懂,物美价廉,欢迎选购

肉类初加工及保鲜技术	11.50 元	多熟高效种植模式 180	
腌腊肉制品加工	9.00 元	例	13.00 元
熏烤肉制品加工	7.50 元	科学种植致富 100 例	10.00 元
溏心皮蛋与红心咸蛋加		科学养殖致富 100 题	11.00 元
工技术	5.50 元	作物立体高效栽培技术	11.00 元
玉米特强粉生产加工技		植物化学保护与农药应	
术	5.50 元	用工艺	40.00 元
炒货制品加工技术	10.00 元	农药科学使用指南(第	
二十四节气与农业生产	8.50 元	二次修订版)	28.00 元
农机维修技术 100 题	8.00 元	简明农药使用技术手	
农村加工机械使用技术		册	12.00 元
问答	6.00 元	农药剂型与制剂及使	
农用动力机械造型及使		用方法	18.00 元
用与维修	19.00 元	农药识别与施用方法	
常用农业机械使用与维		(修订版)	10.00 元
修	15.00 元	生物农药及使用技术	6.50 元
水产机械使用与维修	4.50 元	农药使用技术手册	49.00 元
食用菌栽培加工机械使		教你用好杀虫剂	7.00 元
用与维修	9.00 元	合理使用杀菌剂	8.00 元
农业机械田间作业实用		怎样检验和识别农作物	
技术手册	6.50 元	种子的质量	5.00 元
谷物联合收割机使用与		旱地农业实用技术	14.00 元
维护技术	15.00 元	高效节水根灌栽培新技	
播种机械作业手培训教		术	13.00 元
材	10.00 元	现代农业实用节水技术	7.00 元
收割机械作业手培训教		农村能源实用技术	12.00 元
材	11.00 元	农村能源开发富一乡	11.00 元
耕地机械作业手培训教		农田杂草识别与防除原	
材	8.00 元	色图谱	32.00 元
农村沼气工培训教材	10.00 元	农田化学除草新技术	11.00 元

原色图谱	23.00 元	图册	17.00 元
水稻植保员培训教材	10.00 元	玉米植保员培训教材	9.00 元
香稻优质高产栽培	9.00 元	小麦农艺工培训教材	8.00 元
黑水稻种植与加工利用	7.00 元	小麦标准化生产技术	10.00 元
超级稻栽培技术	9.00 元	小麦良种引种指导	9.50 元
超级稻品种配套栽培技术	15.00 元	小麦丰产技术(第二版)	6.90 元
北方水稻旱作栽培技术	6.50 元	优质小麦高效生产与综合利用	7.00 元
现代中国水稻	80.00 元	小麦地膜覆盖栽培技术问答	4.50 元
玉米杂交制种实用技术问答	7.50 元	小麦科学施肥技术	9.00 元
玉米高产新技术(第二次修订版)	12.00 元	小麦植保员培训教材	9.00 元
玉米农艺工培训教材	10.00 元	小麦条锈病及其防治	10.00 元
		小麦病害防治	4.00 元
玉米超常早播及高产多收种植模式	6.00 元	小麦病虫害及防治原色图册	15.00 元
黑玉米种植与加工利用	6.00 元	麦类作物病虫害诊断与防治原色图谱	20.50 元
特种玉米优良品种与栽培技术	7.00 元	玉米高粱谷子病虫害诊断与防治原色图谱	21.00 元
特种玉米加工技术	10.00 元	黑粒高营养小麦种植与加工利用	12.00 元
玉米螟综合防治技术	5.00 元		
玉米病害诊断与防治	11.00 元	大麦高产栽培	3.00 元
玉米甘薯谷子施肥技术	3.50 元	荞麦种植与加工	4.00 元
青贮专用玉米高产栽培与青贮技术	6.00 元	谷子优质高产新技术	5.00 元
玉米科学施肥技术	8.00 元	高粱高产栽培技术	3.80 元
怎样提高玉米种植效益	10.00 元	甜高粱高产栽培与利用	5.00 元
玉米良种引种指导	11.00 元	小杂粮良种引种指导	10.00 元
玉米标准化生产技术	10.00 元	小麦水稻高粱施肥技术	4.00 元
玉米病虫害及防治原色		黑豆种植与加工利用	8.50 元

大豆农艺工培训教材	9.00 元	（修订版）	9.00 元
怎样提高大豆种植效益	8.00 元	花生高产栽培技术	5.00 元
大豆栽培与病虫害防治		花生标准化生产技术	11.00 元
（修订版）	10.50 元	花生病虫草鼠害综合防	
大豆花生良种引种指导	10.00 元	治新技术	12.00 元
现代中国大豆	118.00 元	优质油菜高产栽培与利	
大豆标准化生产技术	6.00 元	用	3.00 元
大豆植保员培训教材	8.00 元	双低油菜新品种与栽培	
大豆病虫害诊断与防		技术	9.00 元
治原色图谱	12.50 元	油菜芝麻良种引种指导	5.00 元
大豆病虫草害防治技术	5.50 元	油菜农艺工培训教材	9.00 元
大豆胞囊线虫及其防治	4.50 元	油菜植保员培训教材	10.00 元
大豆病虫害及防治原色		芝麻高产技术(修订版)	3.50 元
图册	13.00 元	黑芝麻种植与加工利用	11.00 元
绿豆小豆栽培技术	1.50 元	花生大豆油菜芝麻施肥	
豌豆优良品种与栽培技		技术	4.50 元
术	4.00 元	花生芝麻加工技术	4.80 元
蚕豆豌豆高产栽培	5.20 元	蓖麻高产栽培技术	2.20 元
甘薯栽培技术(修订版)	6.50 元	蓖麻栽培及病虫害防治	7.50 元
甘薯生产关键技术 100		蓖麻向日葵胡麻施肥技	
题	6.00 元	术	2.50 元
甘薯产业化经营	22.00 元	油茶栽培及茶籽油制取	12.00 元
彩色花生优质高产栽培		棉花植保员培训教材	8.00 元
技术	10.00 元	棉花农艺工培训教材	10.00 元
花生高产种植新技术		棉铃虫综合防治	4.90 元

以上图书由全国各地新华书店经销。凡向本社邮购图书或音像制品，可通过邮局汇款，在汇单"附言"栏填写所购书目，邮购图书均可享受 9 折优惠。购书 30 元（按打折后实款计算）以上的免收邮挂费，购书不足 30 元的按邮局资费标准收取 3 元挂号费，邮寄费由我社承担。邮购地址：北京市丰台区晓月中路 29 号，邮政编码：100072，联系人：金友，电话：(010)83210681、83210682、83219215、83219217(传真)。